안쌤의

STEAM
+창의사고력
과학 100제

초등 2학년

시대에듀

안쌤의
STEAM
+ 창의사고력
과학 100제

초등 2학년

안쌤
영재교육연구소

안쌤 영재교육연구소 학습 자료실
샘플 강의와 정오표 등 여러 가지 학습 자료를 확인하세요~!

이 책을 펴내며

초등학교 과정에서 과학은 수학과 영어에 비해 관심을 적게 받기 때문에 과학을 전문으로 가르치는 학원도 적고 강의 또한 많이 개설되지 않는다. 이런 상황에서 과학은 어렵고, 배우기 힘든 과목이 되어가고 있다. 특히, 수도권을 제외한 지역에서 양질의 과학 교육을 받는 것은 매우 힘든 일임이 분명하다. 그래서 지역에 상관없이 전국의 학생들이 질 좋은 과학 수업을 받을 수 있도록 창의사고력 과학 특강을 실시간 강의로 진행하게 되었고, '안쌤 영재교육연구소' 카페를 통해 강의를 진행하면서 많은 학생이 과학에 대한 흥미와 재미를 더해가는 모습을 보게 되었다. 더불어 20년이 넘는 시간 동안 많은 학생이 영재교육원에 합격하는 모습을 지켜볼 수 있는 영광을 얻기도 했다.

영재교육원 시험에 출제되는 창의사고력 과학 문제들은 대부분 실생활에서 볼 수 있는 현상을 과학적으로 '어떻게 설명할 수 있는지', '왜 그런 현상이 일어나는지', '어떻게 하면 그런 현상을 없앨 수 있는지' 등의 다양한 접근을 통해 해결해야 한다. 이러한 과정을 통해 창의사고력을 키울 수 있고, 문제해결력을 향상시킬 수 있다. 직접 배우고 가르치는 과정 속에서 과학은 세상을 살아가는 데 매우 중요한 학문이며, 꼭 어렸을 때부터 배워야 하는 과목이라는 것을 알게 되었다. 과학을 통해 창의사고력과 문제해결력이 향상된다면 학생들은 어려운 문제나 상황에 부딪혔을 때 포기하지 않을 것이며, 그 문제나 상황이 발생된 원인을 찾고 분석하여 해결하려고 노력할 것이다. 이처럼 과학은 공부뿐만 아니라 인생을 살아가는 데 있어 매우 중요한 역할을 한다.

이에 시대에듀와 함께 다년간의 강의와 집필 과정에서의 노하우를 담은 『안쌤의 STEAM + 창의사고력 과학 100제』 시리즈를 집필하여 영재교육원을 대비하는 대표 교재를 출간하고자 한다. 이 교재는 어렵게 생각할 수 있는 과학 문제에 재미있는 그림을 연결하여 흥미를 유발했고, 과학 기사와 실전 문제를 융합한 '창의사고력 실력다지기' 문제를 구성했다. 마지막으로 실제 시험 유형을 확인할 수 있도록 영재교육원 기출문제를 정리해 수록했다.

이 교재와 안쌤 영재교육연구소 카페의 다양한 정보를 통해 많은 학생들이 과학에 더 큰 관심을 갖고, 자신의 꿈을 키우기 위해 노력하며 행복하게 살아가길 바란다.

안쌤 영재교육연구소 대표 **안재범**

영재교육원에 대해 궁금해 하는 Q&A

영재교육원 대비로 가장 많이 문의하는 궁금증 리스트와 안쌤의 속~ 시원한 답변 시리즈

No.1 안쌤이 생각하는 대학부설 영재교육원과 교육청 영재교육원의 차이점

Q 어느 영재교육원이 더 좋나요?

A 대학부설 영재교육원이 대부분 더 좋다고 할 수 있습니다. 대학부설 영재교육원은 대학 교수님 주관으로 진행하고, 교육청 영재교육원은 영재 담당 선생님이 진행합니다. 교육청 영재교육원은 기본 과정, 대학부설 영재교육원은 심화 과정, 사사 과정을 담당합니다.

Q 어느 영재교육원이 들어가기 쉽나요?

A 대부분 대학부설 영재교육원이 더 합격하기 어렵습니다. 대학부설 영재교육원은 9~11월, 교육청 영재교육원은 11~12월에 선발합니다. 먼저 선발하는 대학부설 영재교육원에 대부분의 학생들이 지원하고 상대평가로 합격이 결정되므로 경쟁률이 높고 합격하기 어렵습니다.

Q 선발 요강은 어떻게 다른가요?

A

대학부설 영재교육원은 대학마다 다양한 유형으로 진행이 됩니다.	교육청 영재교육원은 지역마다 다양한 유형으로 진행이 됩니다.
1단계 서류 전형으로 자기소개서, 영재성 입증자료 **2단계** 지필평가 　　　　(창의적 문제해결력 평가(검사), 영재성판별검사, 　　　　창의력검사 등) **3단계** 심층면접(캠프전형, 토론면접 등) ※ 지원하고자 하는 대학부설 영재교육원 요강을 꼭 확인해 주세요.	GED 지원단계 자기보고서 포함 여부 **1단계** 지필평가 　　　　(창의적 문제해결력 평가(검사), 영재성검사 등) **2단계** 면접 평가(심층면접, 토론면접 등) ※ 지원하고자 하는 교육청 영재교육원 요강을 꼭 확인해 주세요.

No.2 교재 선택의 기준

Q 현재 4학년이면 어떤 교재를 봐야 하나요?

A 교육청 영재교육원은 선행 문제를 낼 수 없기 때문에 현재 학년에 맞는 교재를 선택하시면 됩니다.

Q 현재 6학년인데, 중등 영재교육원에 지원합니다. 중등 선행을 해야 하나요?

A 현재 6학년이면 6학년과 관련된 문제가 출제됩니다. 중등 영재교육원이라 하는 이유는 올해 합격하면 내년에 중학교 1학년이 되어 영재교육원을 다니기 때문입니다.

Q 대학부설 영재교육원은 수준이 다른가요?

A 대학부설 영재교육원은 대학마다 다르지만 1~2개 학년을 더 공부하는 것이 유리합니다.

No.3 지필평가 유형 안내

Q 영재성검사와 창의적 문제해결력 검사는 어떻게 다른가요?

A 과거

현재

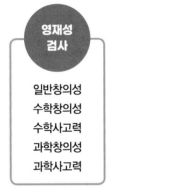

지역마다 실시하는 시험이 다릅니다.
서울: 창의적 문제해결력 검사
부산: 창의적 문제해결력 검사(영재성검사＋학문적성검사)
대구: 창의적 문제해결력 검사
대전＋경남＋울산: 영재성검사, 창의적 문제해결력 검사

 No.4 영재교육원 대비 파이널 공부 방법

Step1 자기인식

자가 채점으로 현재 자신의 실력을 확인해 주세요. 남은 기간 동안 효율적으로 준비하기 위해서는 현재 자신의 실력을 확인해야 합니다. 기간이 많이 남지 않았다면 빨리 지필평가에 맞는 교재를 준비해 주세요.

Step2 답안 작성 연습

지필평가 대비로 가장 중요한 부분은 답안 작성 연습입니다. 모든 문제가 서술형이라서 아무리 많이 알고 있고, 답을 알더라도 답안을 제대로 작성하지 않으면 점수를 잘 받을 수 없습니다. 꼭 답안 쓰는 연습을 해 주세요. 자가 채점이 많은 도움이 됩니다.

안쌤이 생각하는
자기주도형 과학 학습법

변화하는 교육정책에 흔들리지 않는 것이 자기주도형 학습법이 아닐까?
입시 제도가 변해도 제대로 된 학습을 한다면 자신의 꿈을 이루는 데 걸림돌이 되지 않는다!

독서 ▶ 동기 부여 ▶ 공부 스타일로
공부하기 위한 기본적인 환경을 만들어야 한다.

1단계 독서

'빈익빈 부익부'라는 말은 지식에도 적용된다. 기본적인 정보가 부족하면 새로운 정보도 의미가 없지만, 기본적인 정보가 많으면 새로운 정보를 의미 있는 정보로 만들 수 있고, 기본적인 정보와 연결해 추가적인 정보(응용·창의)까지 쌓을 수 있다. 그렇기 때문에 먼저 기본적인 지식을 쌓지 않으면 아무리 열심히 공부해도 과학 과목에서 높은 점수를 받기 어렵다. 기본적인 지식을 많이 쌓는 방법으로는 독서와 다양한 경험이 있다. 그래서 입시에서 독서 이력과 창의적 체험활동(www.neis.go.kr)을 보는 것이다.

2단계 동기 부여

인간은 본인의 의지로 선택한 일에 책임감이 더 강해지므로 스스로 적성을 찾고 장래를 선택하는 것이 가장 좋다. 스스로 적성을 찾는 방법은 여러 종류의 책을 읽어서 자기가 좋아하는 관심 분야를 찾는 것이다. 자기가 원하는 분야에 관심을 갖고 기본 지식을 쌓다 보면, 쌓인 기본 지식이 학습과 연관되면서 공부에 흥미가 생겨 점차 꿈을 이루어 나갈 수 있다. 꿈과 미래가 없이 막연하게 공부만 하면 두뇌의 반응이 약해진다. 그래서 시험 때까지만 기억하면 그만이라고 생각하는 단순 정보는 시험이 끝나는 순간 잊어버린다. 반면 중요하다고 여긴 정보는 두뇌를 강하게 자극해 오래 기억된다. 살아가는 데 꿈을 통한 동기 부여는 학습법 자체보다 더 중요하다고 할 수 있다.

3단계 공부 스타일

공부하는 스타일은 학생마다 다르다. 예를 들면, '익숙한 것을 먼저 하고 익숙하지 않은 것을 나중에 하기', '쉬운 것을 먼저 하고 어려운 것을 나중에 하기', '좋아하는 것을 먼저 하고, 싫어하는 것을 나중에 하기' 등 다양한 방법으로 공부를 하다 보면 자신에게 맞는 공부 스타일을 찾을 수 있다. 자신만의 방법으로 공부를 하면 성취감을 느끼기 쉽고, 어떤 일이든지 자신 있게 해낼 수 있다.

어느 정도 기본적인 환경을 만들었다면
이해 - 기억 - 복습의 자기주도형 3단계 학습법으로
창의적 문제해결력을 키우자.

1단계 이해

단원의 전체 내용을 쭉 읽어본 뒤, 개념 확인 문제를 풀면서 중요 개념을 확인해 전체적인 흐름을 잡고 내용 간의 연계(마인드맵 활용)를 만들어 전체적인 내용을 이해한다.

개념을 오래 고민하고 깊이 이해하려 하는 습관은 스스로에게 질문하는 것에서 시작된다.

[이게 무슨 뜻일까? / 이건 왜 이렇게 될까? / 이 둘은 뭐가 다르고, 뭐가 같을까? / 왜 그럴까?]

막히는 문제가 있으면 먼저 머릿속으로 생각하고, 끝까지 이해가 안 되면 답지를 보고 해결한다. 그래도 모르겠으면 여러 방면(관련 도서, 인터넷 검색 등)으로 이해될 때까지 찾아보고, 그럼에도 이해가 안 된다면 선생님께 여쭤 보라. 이런 과정을 통해서 스스로 문제를 해결하는 능력이 키워진다.

2단계 기억

암기해야 하는 부분은 의미 관계를 중심으로 분류해 전체 내용을 조직한 후 자신의 성격이나 환경에 맞는 방법, 즉 자신만의 공부 스타일로 공부한다. 이때 노력과 반복이 아닌 흥미와 관심으로 시작하는 것이 중요하다. 그러나 흥미와 관심만으로는 힘들 수 있기 때문에 단원과 관련된 과학 개념이 사회 현상이나 기술을 설명하기 위해 어떻게 활용되고 있는지를 알아보면서 자연스럽게 다가가는 것이 좋다.

그리고 개념 이해를 요구하는 단원은 기억 단계를 필요로 하지 않기 때문에 이해 단계에서 바로 복습 단계로 넘어가면 된다.

3단계 복습

과학에서의 복습은 여러 유형의 문제를 풀어 보는 것이다. 이렇게 할 때 교과서에 나온 개념과 원리를 제대로 이해할 수 있을 것이다. 기본 교재(내신 교재)의 문제와 심화 교재(창의사고력 교재)의 문제를 풀면서 문제해결력과 창의성을 키우는 연습을 한다면 과학에서 좋은 점수를 받을 수 있을 것이다.

마지막으로 과목에 대한 흥미를 바탕으로 정서적으로 안정적인 상태에서 낙관적인 태도로 자신감 있게 공부하는 것이 가장 중요하다.

안쌤 영재교육연구소 대표 **안 재 범**

안쌤이 생각하는
영재교육원 대비 전략

1. 학교 생활 관리: 담임교사 추천, 학교장 추천을 받기 위한 기본적인 관리

- 교내 각종 대회 대비 및 창의적 체험활동(www.neis.go.kr) 관리
- 독서 이력 관리: 교육부 독서교육종합지원시스템 운영

2. 흥미 유발과 사고력 향상: 학습에 대한 흥미와 관심을 유발

- 퍼즐 형태의 문제로 흥미와 관심 유발
- 문제를 해결하는 과정에서 집중력과 두뇌 회전력, 사고력 향상

▲ 안쌤의 사고력 수학 퍼즐 시리즈 (총 14종)

3. 교과 선행: 학생의 학습 속도에 맞춰 진행

- '교과 개념 교재 ➡ 심화 교재'의 순서로 진행
- 현행에 머물러 있는 것보다 학생의 학습 속도에 맞는 선행 추천

4. 수학, 과학 과목별 학습

- 수학, 과학의 개념을 이해할 수 있는 문제해결

▲ 안쌤의 STEAM + 창의사고력
수학 100제 시리즈
(초등 1, 2, 3, 4, 5, 6학년)

▲ 안쌤의 STEAM + 창의사고력
과학 100제 시리즈
(초등 1, 2, 3, 4, 5, 6학년)

5. 융합사고력 향상

- 융합사고력을 향상시킬 수 있는 문제해결로 구성

◀ 안쌤의 수·과학 융합 특강

6. 지원 가능한 영재교육원 모집 요강 확인

- 지원 가능한 영재교육원 모집 요강을 확인하고 지원 분야와 전형 일정 확인
- 지역마다 학년별 지원 분야가 다를 수 있음

7. 지필평가 대비

- 평가 유형에 맞는 교재 선택과 서술형 답안 작성 연습 필수

▲ 영재성검사 창의적 문제해결력
모의고사 시리즈
(초등 3~4, 5~6, 중등 1~2학년)

▲ SW 정보영재 영재성검사
창의적 문제해결력 모의고사 시리즈
(초등 3~4, 초등 5~중등 1학년)

8. 탐구보고서 대비

- 탐구보고서 제출 영재교육원 대비

◀ 안쌤의 신박한 과학 탐구보고서

9. 면접 기출문제로 연습 필수

- 면접 기출문제와 예상문제에 자신
만의 답변을 글로 정리하고, 말로
표현하는 연습 필수

◀ 안쌤과 함께하는 영재교육원 면접 특강

안쌤 영재교육연구소
수학·과학 학습 진단 검사

수학·과학 학습 진단 검사란?

수학·과학 교과 학년이 완료되었을 때 개념이해력, 개념응용력, 창의력, 수학사고력, 과학탐구력, 융합사고력 부분의 학습이 잘 되었는지 진단하는 검사입니다.

영재교육원 대비를 생각하시는 학부모님과 학생들을 위해, 수학·과학 학습 진단 검사를 통해 영재교육원 대비 커리큘럼을 만들어 드립니다.

검사지 구성

과학 13문항	• 다답형 객관식 8문항 • 창의력 2문항 • 탐구력 2문항 • 융합사고력 1문항	
수학 20문항	• 수와 연산 4문항 • 도형 4문항 • 측정 4문항 • 확률/통계 4문항 • 규칙/문제해결 4문항	

수학·과학 학습 진단 검사 진행 프로세스

신청
안쌤 영재교육연구소
카카오톡으로 신청
2만 원

발송
수학·과학
진단 검사지
택배 발송

진행
90분간
검사 진행

채점
채점 후 결과지를
메일과 카카오톡으로
발송

검사 종료 후
카카오톡으로 말씀해
주시면 연구소에서
택배 회수

로드맵과 함께
교재 선택 및 학습법
안내 상담

수학·과학 학습 진단 학년 선택 방법

----- YES
----- NO

현재 초등학생인가요?

수학·과학 교과 학습을
몇 학년까지 했나요?

중학교 1학년이고 고교 진로 결정을
위한 진단 검사를 원하시나요?

~초 3 1학기	초 3 2학기~ 초 4 1학기	초 4 2학기~ 초 5 1학기	초 5 2학기~ 초 6 1학기	초 6 2학기~ 중 1 2학기	중학교 2학년부터는 검사지가 없습니다.
수학·과학 1~2학년	수학·과학 3학년	수학·과학 4학년	수학·과학 5학년	수학·과학 6학년	

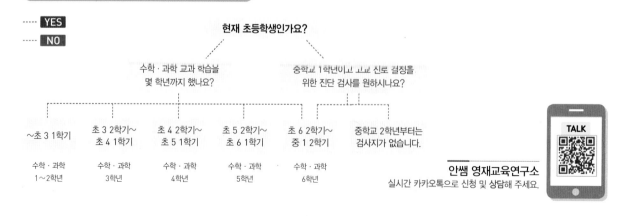

TALK

안쌤 영재교육연구소
실시간 카카오톡으로 신청 및 상담해 주세요.

이 책의 구성과 특징

창의사고력 실력다지기 100제

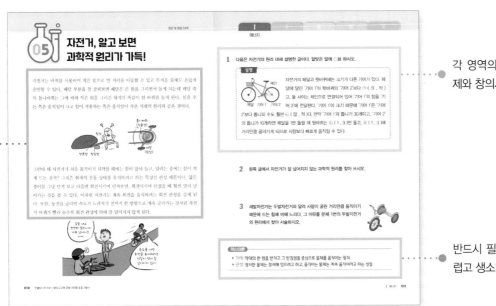

각 영역의 대표 실전 유형문제와 창의사고력 문제로 구성

반드시 필요한 핵심이론과 어렵고 생소한 용어 풀이

실생활에서 접할 수 있는 이야기, 실험, 신문기사 등을 이용해 흥미 유발

영재성검사 창의적 문제해결력 평가 기출예상문제

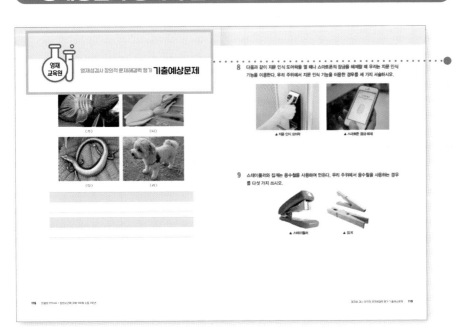

- 교육청 · 대학 · 과학고 부설 영재교육원 영재성검사, 창의적 문제해결력 평가 기출예상문제 수록
- 영재교육원 선발 시험의 문제 유형과 출제 경향 예측

이 책의 차례

에너지

01 접착제 없이 링 두 개를 붙이는 마술

마술사가 철로 만들어진 두 개의 링을 가지고 있다. 어떤 접착제도 바르지 않았는데 마술사가 한 개의 링 밑에 다른 한 개의 링을 갖다 댔더니 찰싹 달라붙었다. 아래쪽 링을 돌려보아도 떨어지지 않고 위쪽 링과 붙은 채 빙글빙글 돈다.

철로 만들어진 두 개의 링은 왜 떨어지지 않을까? 바로 자석 때문이다. 자석은 철을 끌어당기는 성질을 갖고 있을 뿐만 아니라 자신의 성질을 철로 된 물체에 옮긴다. 이렇게 철로된 물체를 자석에 붙여 놓으면 그 물체도 자석의 성질을 띠는 것을 '자기화'라고 한다. 마술사가 관객들이 보지 못하도록 손에 자석을 쥔 채로 링을 들고 있으면 링이 자석의 성질을 띠게 되어 링끼리 붙는 것이다. 이것은 클립을 자석에 붙인 후 다른 클립에 가까이 하면 클립이 주렁주렁 붙는 것과 같은 원리이다.

1 다음 중 접착제 없이 두 개의 링을 붙이는 마술에 대한 설명으로 옳지 <u>않은</u> 것은?

① 링은 철로 만들어졌다.

② 링을 자석으로 만들었다.

③ 링은 자석에 잘 달라붙는다.

④ 자석의 성질이 링에 옮겨갔다.

⑤ 마술사가 손에 자석을 잡고 있다.

2 왼쪽 글에서 철로 된 물체를 자석에 붙여 놓으면 그 물체도 자석의 성질을 띠는 것을 무엇이라고 하는지 찾아 쓰시오.

3 다음 그림에서 자석에 붙는 물체를 <u>모두</u> 찾아 쓰시오.

핵심이론

▶ 자석: 철을 끌어당기는 성질을 지닌 물체

02 몸으로 표현한 감동의 그림자 댄스

사람의 몸으로 만든 그림자를 이용한 환상적인 무대가 펼쳐진다. 우리에게 친숙한 그림자를 이용하여 한 마디 말도 없이 멋진 이야기를 만들어낸다.

오로지 사람의 몸과 빛, 그리고 스크린에 비친 그림자만으로 꾸며지는 그림자 댄스.

그림자 댄스는 가장 아름다운 예술인 인간의 몸짓을 그림자와 결합해 상상력을 자극하는 아주 독특한 작품이다. 스크린을 통해 보여지는 모습은 아름답고 신비한 동화 같지만, 스크린 뒤의 상황은 어떨까? 춤과 서커스, 콘서트가 어우러진 무대를 위해 무용수들은 서로 끌어안고 들어 올리고 지탱하며 환상적인 이야기를 모두 그림자로 표현한다고 바쁘게 움직인다.

그림자 댄스는 1970년대 초반 미국의 한 대학 현대 무용 시간에 춤을 배운 적이 없는 학생들이 기발한 상상력을 바탕으로 자유롭게 만든 것이라고 한다. 어떤 정해진 틀이나 의미를 찾기보다는 즐거운 생각을 독창적으로 표현해 보자는 열정에서 시작되었다.

1 다음 물체의 그림자 모양을 바르게 연결하시오.

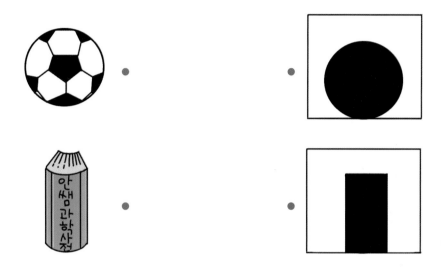

2 그림자를 만들기 위해 꼭 필요한 것은 무엇인지 세 가지 쓰시오.

3 다음 그림과 같이 실제로는 크기가 비슷한 사람이지만 한 사람의 그림자는 크고, 다른 사람의 그림자는 작게 보일 수 있다. 이처럼 크기가 비슷한 물체의 그림자의 크기가 다르게 나타나는 이유를 쓰시오.

핵심이론

▶ 그림자: 물체가 빛을 가려서 그 물체의 뒷면에 생기는 검은 그늘

우주에도 쓰레기가 있다고?

수명이 다한 인공위성이나 우주로 발사된 로켓의 잔해를 '우주 쓰레기'라고 한다. 1957년 인류 최초의 인공위성인 스푸트니크 1호를 시작으로 우주 공간으로 수많은 인공위성과 로켓이 발사되었다. 하지만 이들 대부분은 우주 공간을 떠도는 쓰레기 신세가 되었다. 유럽 우주국 ESA에 따르면 우주에는 길이 10 cm 이상의 우주 쓰레기가 36,500개, 1 cm 이상인 것은 100만 개, 1 cm 미만의 작은 것들은 1억 3천만 개 정도 있다고 한다.

공기가 없는 우주에선 아주 작은 알갱이도 엄청난 속력을 발휘하기 때문에 크기에 상관없이 우주 쓰레기는 매우 위험하다. 1 mm짜리 알루미늄 조각이 우주에서 초속 10 km로 돌진한다고 했을 때, 그 파괴력은 야구공을 시속 450 km로 던질 때와 같다고 한다. 실제로 1983년에는 미국 우주왕복선 챌린저호를 향해 0.3 mm짜리 페인트 조각이 초속 4 km로 돌진한 적이 있는데, 당시 우주선 앞 유리창이 산산조각이 났다고 한다.

1 다음 설명에서 밑줄 친 이것을 무엇이라고 하는지 왼쪽 글에서 찾아 쓰시오.

> **설명**
>
> 오른쪽 그림과 같이 수명이 다한 인공위성이나 발사 로켓의 잔해들이 지구 주위를 떠다니고 있다. 최근에 사람의 통제가 불가능할 정도로 그 수가 크게 늘고 있으며, 그만큼 <u>이것</u>과 인공위성과의 충돌도 잦아지고 있다.

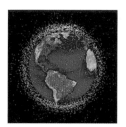

2 최초의 인공위성 발사 후 수많은 인공위성과 로켓을 지구 궤도로 보냈다. 이중 임무를 마치고 대기권에 진입하여 소멸된 인공위성이 있지만, 임무를 마친 후에도 계속 지구 궤도를 떠도는 인공위성도 있다. 떠도는 인공위성으로 인해 발생할 수 있는 문제를 두 가지 쓰시오.

3 크기가 작은 우주 쓰레기라도 부딪치면 피해가 크다. 부딪쳤을 때 피해를 주는 정도에 영향을 주는 요인을 두 가지 예를 들어 서술하시오.

핵심이론

▶ 인공위성: 지구와 같은 행성의 둘레를 돌 수 있도록 로켓을 이용해 쏘아 올린 인공장치

04 과학으로 풀어보는 축구

축구화의 상징은 바닥에 박힌 스터드(징)이다. 스터드의 효용성은 1954년 스위스 월드컵을 통해 입증되었다. 당시 서독 대표팀의 용품 담당자가 세계 최초로 떼었다 붙였다 할 수 있는 스터드를 고안했고, 이는 서독의 우승으로 이어졌다. 이제는 그라운드 조건과 날씨, 포지션 등에 따라 축구화 스터드를 고르는 것을 당연하게 생각한다. 또한, 포지션에 따라 축구화의 선택이 달라지기도 한다. 보통 빠르게 움직이는 공격수는 스터드의 높이가 낮고 개수가 많은 축구화를 선호한다. 반면 공격수를 막기 위해 순간적인 방향 전환이 잦은 수비수들은 스터트의 높이가 높은 축구화로 지면과의 마찰력을 크게 한다.

스터드(징)

세계적인 축구대회 월드컵에서는 지정한 공인 공인구로만 경기를 치를 수 있다. 공인구는 대회의 상징이자 승패를 좌우할 수 있는 요소로 작용하기 때문에 출시되면 각 국가대표팀에서는 공에 대한 성능을 연구한다. 2010 남아공 월드컵에 사용된 공인구 '자블라니'는 평면이 아닌 입체 형태의 가죽 조각 8개가 표면을 감싸 가장 원형에 가까운 모양을 가지고 있다는 평가를 받고 있다.

1998	2002	2006	2010
트리콜로	피버노바	팀가이스트	자블라니

2022	2018	2014
알 리흘라	텔스타 18	브라주카

1 다음은 축구화에 대해 설명한 글이다. 알맞은 말에 ○표 하시오.

> **설명**
>
> 축구화의 스터드(징)는 지면과 발바닥이 닿는 면적을 줄여 압력을 (증가, 감소)시
> 킴으로써, 방향 전환 시 미끄러지거나 넘어지지 않도록 만들었다.

2 각 선수에게 알맞은 축구화를 골라 선으로 연결하시오.

3 왼쪽 글에서 2010년 월드컵 공인구 자블라니의 특징을 찾아 쓰시오.

핵심이론

▶ 압력: 물체와 물체 접촉면 사이에 서로 수직으로 미는 힘

자전거, 알고 보면 과학적 원리가 가득!

자전거는 바퀴를 사용하여 적은 힘으로 먼 거리를 이동할 수 있고 무거운 물체도 손쉽게 운반할 수 있다. 페달 부분을 잘 살펴보면 페달은 큰 원을 그리면서 돌게 되는데 페달 축의 톱니바퀴는 그에 비해 작은 원을 그리긴 하지만 똑같이 한 바퀴를 돌게 된다. 힘을 주는 쪽은 움직임이 크고 힘이 작용하는 쪽은 움직임이 작은 지레의 원리와 같은 것이다.

그런데 왜 자전거가 처음 움직이기 시작할 때에는 힘이 많이 들고, 달리는 중에는 힘이 적게 드는 걸까? 그것은 현재의 운동 상태를 유지하려고 하는 특성인 관성 때문이다. 얇은 종이를 그냥 던져 보고 다음엔 회전시키며 던져보면, 회전시키며 던졌을 때 훨씬 멀리 날아가는 것을 볼 수 있다. 이처럼 자전거도 계속 회전을 유지하려는 회전 관성을 갖게 된다. 또한, 동전을 굴리면 속도가 느려지기 전까지 한 방향으로 계속 굴러가는 것처럼 자전거 바퀴가 빨리 돌수록 회전 관성에 의해 잘 넘어지지 않게 된다.

1 다음은 자전거의 원리 대해 설명한 글이다. 알맞은 말에 ○표 하시오.

> **설명**
>
>
> 체인
> 페달 기어 1 기어 2
>
> 자전거의 페달과 뒷바퀴에는 크기가 다른 기어가 있다. 페달에 달린 '기어 1'이 뒷바퀴의 '기어 2'보다 ⊙ (크 , 작)고, 둘 사이는 체인으로 연결되어 있어 '기어 1'의 힘을 '기어 2'에 전달한다. '기어 1'이 크기 때문에 '기어 1'은 '기어 2'보다 톱니의 수도 훨씬 ⓒ (많 , 적)다. 만약 '기어 1'의 톱니가 30개이고, '기어 2'의 톱니가 10개라면 페달을 1번 돌릴 때 뒷바퀴는 ⓒ (1 , 3)번 돌고, ⓔ (1 , 3)배 거리만큼 굴러가게 되므로 사람보다 빠르게 움직일 수 있다.

2 왼쪽 글에서 자전거가 잘 넘어지지 않는 과학적 원리를 찾아 쓰시오.

3 세발자전거는 두발자전거와 달리 사람이 굴린 거리만큼 움직이기 때문에 드는 힘에 비해 느리다. 그 이유를 문제 **1**번의 두발자전거의 원리에서 찾아 서술하시오.

핵심이론

▶ 지레: 막대의 한 점을 받치고 그 받침점을 중심으로 물체를 움직이는 장치
▶ 관성: 정지한 물체는 정지해 있으려고 하고, 움직이는 물체는 계속 움직이려고 하는 성질

06 LED(발광다이오드), 장식에서 조명으로

장식용으로 쓰던 LED(발광다이오드)가 조명용 전구로 자리를 잡았다. 이미 전국의 신호등은 대부분 LED로 바뀌었다. LED 전구의 가장 큰 장점은 전력 소비를 20 % 이하로 줄일 수 있다는 점이다. 또한, LED 전구의 수명이 일반 전구의 수명보다 20배 이상 길다는 것도 빼놓을 수 없는 장점이다. 백열전구는 전기 저항이 큰 필라멘트를 통해 전류가 흐르는 과정에서 필라멘트가 뜨겁게 가열되면서 밝은 빛을 내는 현상을 이용한 것이다. 전기를 이용해서 어둠을 밝히는 백열전구는 우리의 삶을 완전히 바꿔놓았다. 캄캄한 밤에도 책을 읽고, 일할 수 있게 된 것이다. 그러나 백열전구에도 문제가 있었다. 에디슨이 처음 만든 백열전구의 수명은 고작 40시간 정도로 매우 짧았다. 밝은 빛을 낼 정도로 뜨겁게 달아오른 필라멘트가 시간이 지나면서 자꾸 얇아지기 때문이다. 백열전구의 조명 효율은 5 % 수준에 지나지 않는다는 것도 문제였다. 결국, 우리나라를 포함한 미국, 유럽연합, 중국, 일본은 2014년 이후에 효율이 낮은 백열전구를 사용하지 않기로 했다. LED는 백열전구와 달리 열의 형태로 낭비되는 전기에너지를 최소화한 것이다.

LED의 원리는 서로 다른 특성을 가진 두 종류의 반도체를 적당한 방법으로 연결한 후에 전류를 흘려주면 전자가 두 반도체의 접합 부분을 지나가면서 밝은 빛을 내게 되는 것이다. 두 반도체의 에너지 상태의 차이가 빛의 형태로 변환되기 때문이다.

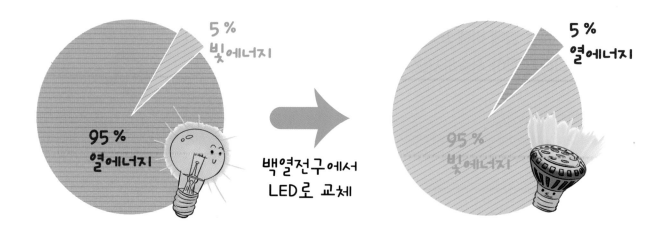

1 백열전구와 LED가 빛을 내는 원리를 바르게 연결하시오.

●   ● 서로 다른 특성을 가진 두 종류의 반도체를 연결한 후에 전류를 흘려주면 두 반도체의 접합 부위에서 빛이 나는 현상을 이용

●   ● 전기 저항이 큰 필라멘트에 전류가 흐르면 필라멘트가 뜨겁게 가열되면서 밝은 빛을 내는 현상을 이용

2 왼쪽 글과 다음 그래프를 보고, 백열전구의 생산과 판매를 금지하는 이유를 쓰시오.

[조명별 소비전력과 수명 비교]

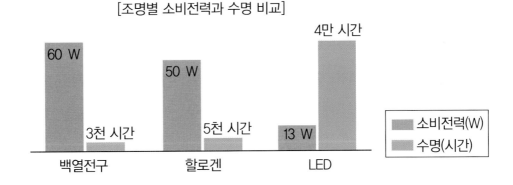

3 우리 생활 속에서 LED를 이용한 경우를 세 가지 쓰시오.

핵심이론

▶ LED(발광다이오드): 전류를 흘려주면 빛을 내는 반도체 소자
▶ 반도체: 도체와 부도체의 중간에 속하는 물질

휴대전화 전자파

환경부 국립환경과학원은 국내에 시판되는 휴대전화 7종의 사용 환경에 따른 전자파 발생현황조사 결과를 발표했다. 조사 결과, 휴대전화에서 발생하는 전자파는 '대기' 중에는 0.03~0.14 V/m, '통화 연결' 중에는 0.11~0.27 V/m, '통화' 중에는 0.08~0.24 V/m로 나타나 전자파 강도는 '통화 연결' 중에 가장 크게 증가하는 것으로 확인됐다. 또, 지하철과 같이 빠른 속도로 이동 중인 상태(0.10~1.06 V/m)에서 통화할 경우, 정지 상태(0.05~0.16 V/m)보다 평균 5배가량 전자파 강도가 증가하는 것으로 나타났다. 엘리베이터 등과 같은 밀폐된 장소(0.15~5.01 V/m)에서 통화할 경우에도 개방된 공간(0.08~0.86 V/m)보다 평균 7배가량 전자파 강도가 증가하는 것으로 확인됐다. 과학원 관계자는 "휴대전화 등과 같은 무선통신기기에서 방출되는 전자파가 낮은 수준이라도 그 전자파에 지속적으로 노출되면 인체에 영향을 미쳐 해로울 수 있다."고 밝혔다. 실제 세계보건기구 산하 국제암연구소는 매일 30분 이상 장기간(10년 이상) 휴대전화를 사용한 사람이 일반인에 비해 뇌종양 및 청신경증 발생 가능성이 40 %가량 증가할 수 있다고 발표했다. 특히, 어린이는 일반 성인보다 인체 면역체계가 약하기 때문에 전자파 노출에 각별히 주의해야 한다고 권고했다.

1 다음 중 휴대전화의 전자파의 강도가 가장 강한 것은?

① 대기 중

② 통화 연결 중

③ 야외에서 통화 중

④ 엘리베이터에서 통화 중

⑤ 이동 중인 지하철 안에서 통화 중

2 왼쪽 글에서 어린이들이 전자파 노출에 특별히 주의해야 하는 이유를 찾아 쓰시오.

3 일상생활에서 휴대전화의 전자파의 영향을 덜 받기 위한 생활 습관을 세 가지 쓰시오.

핵심이론

▶ 전자파: 전기장과 자기장이 반복하면서 파도처럼 퍼져 나가는 일종의 전자기 에너지

▶ V/m(볼트/미터): 전자파의 세기를 나타내는 단위

석유가 없다면?

석유가 사라진 뒤 인류가 사용할 '신 에너지원'에는 어떤 것이 있을까?

다음은 한 신문사에서 소개한 차세대 에너지 신기술 다섯 가지를 그림으로 나타낸 것이다.

신문에서 "아직 갈 길이 멀지만, 이런 에너지 신기술들을 개발하는 데 성공한다면 전 세계 에너지 기상도를 혁신적으로 바꾸게 될 것이다."라고 전했다. 우리나라는 석유 수입량이 세계 4위이고 석유 소비량 또한 세계 7위로, 많은 양의 석유를 소비하고 있다. 특히 우리 나라는 석유가 생산되지 않아 대부분 수입에 의존하고 있다는 점에서 석유를 대신할 '신 에너지원' 개발이 무엇보다 시급하다.

1 에너지 사용의 역사에 따라 (가)~(라)를 순서대로 나열하시오.

| (가) 화석에너지 | (나) 가축에너지 | (다) 불에너지 | (라) 전기에너지 |

2 차세대 에너지 신기술을 바르게 연결하시오.

약 3만 5천 km 상공에 거대 태양 전지판을 설치하여 우주에서 24시간 햇빛을 모은다. ●

공기 중 산소로 배터리를 충전한다. ●

석탄을 태울 때 나오는 이산화 탄소를 고체 상태인 금속산화물로 폐기한다. ●

물속에 사는 식물인 '조류'로 에너지를 많이 만들어낸다. ●

바람을 지하 저장소에 압축시켜 놓았다 필요할 때 사용한다. ●

● 풍력저장 지하발전소

● 바이오 연료

● 친환경 화력발전소

● 우주 태양광발전

● 리튬에어 배터리

3 차세대 에너지 신기술 다섯 가지 중 가장 고난도의 기술이 필요한 것은 무엇인지 쓰고, 그렇게 생각한 이유를 서술하시오.

핵심이론

▶ 에너지: 물체가 가지고 있으며, 일을 할 수 있는 능력

핵무기가 없는 세상 만들기

'핵 안보'라는 개념은 1960년대에 처음 등장했다. 핵 안보는 핵 물질·핵 관련 시설·방사성 물질과 관련된 위협을 미리 방지하고, 만약 위협이 발생한 경우에는 확실한 대응을 통해 사고로 인한 피해를 최소화하기 위한 조치를 말한다. 핵 안보가 본격적으로 국제 사회의 이슈로 떠오르게 된 것은 2001년 미국에서 발생한 '9·11 테러(미국 뉴욕의 세계무역센터 빌딩과 워싱턴 국방부 건물에 대한 항공기 동시 다발 자살테러 사건)'가 계기가 되었다. 이 테러 사건이 발생한 후 2002년부터 미국과 러시아 두 나라 간의 논의에서 주요 8개국 (G8)으로 확대되어 핵 안보 논의가 이뤄졌다. 특히 많은 국가 정상들이 모여 핵 안보를 논의하게 된 계기는 2009년 4월 체코 프라하에서 가진 버락 오바마 전 미국 대통령의 연설을 통해서였다. 오바마 대통령은 연설에서 "국제안보의 최대 위협은 핵 테러리즘이다. 핵무기 없는 세상(nuclear-free world)을 만들자."고 말했다. 이러한 연설을 계기로 '1차 핵 안보정상회의'가 2010년 4월 12~13일 미국 워싱턴에서 열렸으며 2차 회의는 2012년 3월 26일~27일 대한민국 서울에서 개최되었다. 2016년 4차 회의를 끝으로 핵 안보정상회의는 막을 내렸지만, 이 회의에서 논의되었던 각종 이슈들은 국제원자력기구에서 주관하는 '핵 안보 국제회의'로 전환되어 2020년까지 이어졌다.

1 다음 중 핵 안보에 대한 설명으로 알맞지 <u>않은</u> 것은?

① 1960년대 핵 안보의 개념이 등장했다.

② 핵 안보정상회의는 꾸준히 열리고 있다.

③ 제1차 핵 안보정상회의는 2010년 미국에서 열렸다.

④ 2001년 9 · 11 테러 이후 본격적인 국제 사회의 이슈로 떠올랐다.

⑤ 핵 물질 · 핵 관련 시설 · 방사성 물질과 관련된 위험을 예방하려고 한다.

2 아래 그림을 보고, 원자력 에너지란 무엇인지 간단하게 설명하시오.

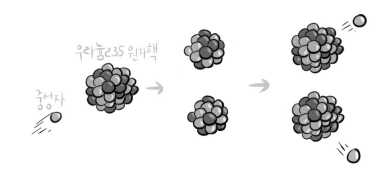

3 원자력 에너지의 긍정적인 면과 부정적인 면을 각각 서술하시오.

핵심이론

▶ 핵(원자력): 원자핵의 변환에 따라서 방출되는 에너지
▶ 원자력 에너지의 특징: 원자력 발전은 경제적인 에너지원이다. 우라늄 1 g이 완전히 핵분열했을 때 나오는 에너지는 석탄 3톤, 석유 9드럼이 탈 때 나오는 에너지와 같다. 100만 kW급 발전소를 1년간 운전하려면 석유 150만 톤이 필요하지만, 우라늄은 20톤이면 가능하다. 그리고 원자력 발전은 우라늄을 한 번 장전하면 12~18개월간 연료를 교체할 필요가 없으므로 그만큼 연료 비축 효과가 있다.

아바타 프로젝트

미국 국방부 산하 고등연구계획국(DARPA)이 추진한 아바타 프로젝트는 영화 '아바타'의 주인공을 모델로 진행되었다. 3D 기술로 만든 영화 속 아바타는 유전자와 신경을 접한 기술을 이용해 인간의 의식을 넣어 원격 조정하는 생명체를 뜻한다. 물론 미국 국방부의 아바타 프로젝트는 생명체 대신 로봇을, 유전자 접합 기술 대신 인간과 컴퓨터를 연결하는 장치인 인터페이스와 알고리즘 기술을 이용한다는 점에서 영화 속 아바타와는 조금 다르다. 그러나 두 발로 걷는 반자동기계인 로봇 아바타는 병사와 소통하고 병사의 대리인 역할을 한다는 점에서 영화와 비슷하다.

미국 국방부의 첨단 기술을 개발해 온 고등연구계획국은 1958년 창설된 이래에 수많은 연구를 진행하고 있으며, 첨단 기술 분야에 중요한 역할을 했다. 인터넷, 마우스, 전자레인지, GPS, 탄소섬유, 수술 로봇, 드론, 음성인식기술, 자율주행 자동차 등 우리 생활을 편리하게 해 주는 수많은 첨단 기술이 고등 고등연구계획국의 연구에서 시작되었다. 또한, 2013년부터는 세계 재난로봇 경진대회(DRC: DARPA Robotics Challenge)를 열어 고장난 원자력 발전소 현장에 사람 대신 들어가 문제를 해결할 수 있는 최고 성능의 재난 로봇을 발굴하고 있다. 지난 2015년에는 우리나라 카이스트 팀에서 개발한 휴보가 이 대회에서 우승을 차지했다.

1 다음 중 우리 주변에서 볼 수 있는 로봇이 <u>아닌</u> 것은?

① 드론 ② 휴보 ③ 반려동물

④ 수술 로봇 ⑤ 로봇 청소기

2 왼쪽 글에서 미국 국방성의 첨단기술을 개발해 온 고등연구계획국(DARPA)이 이루어낸 업적을 찾아 쓰시오.

3 과학 기술의 발달로 머지않은 미래에 로봇과 함께 살아가는 세상이 올 것이다. 로봇과 함께하는 세상의 좋은 점과 나쁜 점은 무엇인지 각각 쓰시오.

핵심이론

▶ 로봇: 스스로 작동하거나 보유한 능력으로 주어진 일을 자동으로 처리하는 기계

안쌤의
STEAM
+ 창의사고력
과학 100제

물질

매운맛의 비밀

경은이는 매콤한 비빔냉면을 주문했다. 매운 고추장 소스가 들어 있는 비빔냉면은 어찌나 맛있던지 금세 한 그릇을 먹어 치웠지만 너무 매워서 물을 마시고, 또 마셨다.

우리의 몸 안으로 들어온 매운 음식은 몸속에서 화학 반응을 일으키며 열을 내뿜는데 그로 인해 땀이 비 오듯 흐르고 입안은 불이 날 듯 얼얼한 통증을 느낀다. 매운맛으로 인한 반응은 사람마다 차이가 있을 수 있지만 입안의 얼얼함은 미각과 촉각의 신경이 마비되지 않는 한 그 누구라도 어쩔 수 없이 느끼게 된다. 그래서 사람들은 입안의 매운맛을 조금이라도 없애기 위해 물을 벌컥벌컥 마시거나 입안을 물로 헹궈 보지만 매운맛은 쉽게 사라지지 않는다.

매운맛의 원인은 고추 속에 들어 있는 캡사이신이라는 화학 물질 때문이다. 캡사이신은 물과는 반응성이 약하지만 기름과는 강하다. 즉, 캡사이신은 물에는 잘 녹지 않지만 기름(지방)에는 잘 녹는 특성이 있다.

1 매운 것을 먹었을 때에 대한 설명으로 옳지 <u>않은</u> 것은?

① 입안이 얼얼해진다.

② 땀이 비 오듯 흐르기도 한다.

③ 몸 안에서 반응을 일으켜 열을 흡수한다.

④ 매운맛은 맛이라기보다는 통증에 가깝다.

⑤ 물을 마셔도 매운 맛이 쉽게 가시지 않는다.

2 왼쪽 글에서 고추에서 매운맛을 내는 화학 물질을 무엇이라고 하는지 찾아 쓰시오.

3 매운맛을 내는 물질의 특성을 바탕으로 매운맛을 빨리 없앨 수 있는 방법을 세 가지 서술하시오.

핵심이론

▶ 매운맛: 고추에 들어 있는 캡사이신이라는 화학 물질로 인해 입안에서 느끼는 통증

12 운동 후에 마시는 이온 음료

이온 음료는 물보다 흡수율이 높아 격렬한 운동 후에 지친 몸을 빠르게 회복시켜 준다. 과연 이온 음료 속에는 어떤 비밀이 숨겨져 있는 걸까? 우리 몸은 땀을 너무 많이 흘리면 몸속의 물이 부족해져서 탈진하기 때문에 몸에서 빠져나간 만큼 물을 반드시 보충해 주어야 한다. 그런데 사람의 몸속에 있는 물은 순수한 물이 아니라 나트륨, 칼슘, 철, 황, 마그네슘, 칼륨, 염소 등 미네랄이라고 불리는 여러 가지 물질이 포함되어 있다. 운동을 하면 땀을 통해 몸속의 수분과 미네랄이 빠져나가 갈증을 느끼는데, 이때 물만 마시게 되면 미네랄은 여전히 부족해서 계속 갈증을 느끼는 것이다. 하지만 이온 음료에는 체액의 농도와 비슷한 미네랄이 들어 있어 운동 후에 마시면 부족한 수분과 미네랄을 빠르게 흡수할 수 있다. 또, 구토나 설사로 인해 몸속의 수분이 많이 부족한 경우에도 이온 음료가 도움을 준다고 알려져 있다. 그러나 이온 음료 속 나트륨은 짠맛을 내는 소금과 같은 물질이므로 너무 많이 마시면 소금을 많이 먹는 것과 같은 효과가 나타난다. 또한, 이온 음료에는 탄산음료처럼 당이 포함되어 있어 물처럼 마시는 것은 좋지 않다. 어디까지나 이온 음료는 격렬한 운동으로 손실된 체성분을 보충하는 용도인 것이다.

1 사람의 몸속에 들어 있는 미네랄이 <u>아닌</u> 것은?

① 물   ② 나트륨   ③ 철

④ 칼륨   ⑤ 마그네슘

2 왼쪽 글에서 물보다 체내 흡수율이 높아서 지친 몸을 빠르게 회복시켜 주는 음료를 무엇이라고 하는지 찾아 쓰시오.

3 이온 음료를 무작정 많이 마시게 되면 몸에 해로운 이유를 이온 음료의 성분과 관련하여 서술하시오.

핵심이론

▶ 미네랄: 생체의 생리 기능에 필요한 영양소

악취 제거, 커피 찌꺼기로!

많은 사람들이 커피전문점에서 쉽게 구할 수 있는 커피 찌꺼기를 방향제로 사용한다. 원두커피 찌꺼기를 종이컵 등에 넣어 필요한 곳에 놓아두면 퀴퀴한 냄새는 사라지고, 은은한 커피 향이 가득 퍼지기 때문이다.

미국 뉴욕 시립대학 연구진은 커피에 들어 있는 카페인에 포함된 질소가 탄소가 가진 냄새를 흡착하는 특성을 강화한다는 것과 환경 친화적 필터를 개발하는 중 커피 찌꺼기로 만든 필터가 하수구에서 나는 냄새의 주범인 황화 수소 기체를 대량으로 흡수할 수 있다는 사실을 발견했다. 황화 수소 기체는 불쾌감을 일으키는 고약한 냄새가 날 뿐만 아니라 높은 농도에 노출될 경우 사람의 생명까지도 위협할 수 있다. 따라서 앞으로는 커피 찌꺼기가 방향제 기능뿐만 아니라 하수구 주변에서 나는 심한 악취를 제거할 수 있는 환경 친화적인 필터로 사용될 것으로 보인다.

또한, 연구진은 커피 찌꺼기를 친환경 필터 외에 또 다른 목적으로 재활용할 수 있다고 말했다. 식물이 잘 자라기 위해서는 질소가 필요한데 질소가 부족하면 잎의 색깔이 연해질 뿐만 아니라 꽃이 잘 피지 않거나 아주 작게 핀다. 커피 찌거기를 산성 토양을 좋아하는 식물 아래 놓아두면 좋은 비료가 될 수 있다.

1 커피 찌꺼기에 대한 설명으로 옳지 <u>않은</u> 것은?

① 방향제 역할을 한다.

② 환경 친화적인 필터의 역할을 할 수 있다.

③ 악취를 풍기는 이산화 탄소 기체를 대량 흡수한다.

④ 커피의 은은한 향이 강해 퀴퀴한 냄새를 없애준다.

⑤ 냄새를 흡착하는 특성을 강화하는 물질이 들어 있어 방향제나 필터로 사용할 수 있다.

2 다음에서 설명하는 물질의 이름을 왼쪽 글에서 찾아 쓰시오.

> **설명**
>
> 커피에는 **이 물질**이 들어 있어 찌꺼기를 방향제나 환경 친화적 필터로 사용할 수 있다. **이 물질**은 다양한 형태로 우리 몸에 흡수되며, 우리 몸에 작용하여 피로를 줄이는 등의 효과가 있다. 하지만 장기간 다량 복용할 경우 중독이 될 수 있다.

3 커피 찌꺼기가 식물에게 훌륭한 비료가 될 수 있는 이유를 서술하시오.

핵심이론

▶ 필터: 액체나 기체 속에 들어 있는 불순물을 걸러내는 기구
▶ 흡착: 어떤 것이 달라붙음. 기체나 액체가 다른 액체나 고체의 표면에 달라붙는 것

약, 먹어도 안 낫는다?!

감기는 걸려보지 않은 사람이 없다고 할 정도로 흔한 질병으로, 평균적으로 1년에 어른은 2~3번, 아이들은 5~6번 정도 걸린다고 한다. 그런데 우리가 먹는 감기약은 원인이 되는 바이러스에 직접 작용하여 치료하는 게 아니라 증상을 줄여주는 역할을 하기 때문에 약을 먹어도 감기가 낫기까지는 며칠이 걸린다. 보통 감기약은 열을 내리는 성분, 콧물을 멈추게 하는 성분, 가래를 없애주는 성분, 근육 통증을 덜어주는 성분 등으로 이루어져 있다. 또한, 종합 감기약 중에는 카페인 성분이 들어 있는 것도 있다. 열을 내리는 성분은 위에 부담을 줄 수 있고, 콧물을 멈추게 하는 성분은 졸음, 현기증, 입안이 마르는 듯한 증상 등을 유발한다. 가래를 없애주는 성분은 장기간 복용하면 중독 위험이 있는 것으로 알려져 있으며, 카페인 성분은 우리 몸을 흥분시키는 작용을 한다. 따라서 감기 기운이 있다고 무턱대고 약부터 먹으면 부작용을 일으킬 수 있다.

그런데 독감은 예방하는 백신과 치료제가 있는데, 왜 일반 감기는 백신이나 치료제가 없는 걸까? 여러 가지 이유가 있지만 일반 감기가 그렇게 심각한 질병이 아니라는 것이 한 가지 이유이다. 증상이 심하지 않다면 약을 먹지 않아도 충분한 휴식으로 증상을 완화시킬 수 있다.

1 감기에 대한 설명으로 옳은 것은?

  ① 감기약을 먹으면 금세 낫는다.

  ② 감기 기운이 있으면 미리 약을 먹는다.

  ③ 감기약은 반드시 식사 후에 먹어야 한다.

  ④ 감기는 심각한 질병으로 아주 드물게 걸린다.

  ⑤ 독감은 백신이 있지만 일반 감기는 백신이 없다.

2 왼쪽 글에서 감기를 예방하는 백신이나 치료제가 없은 이유를 찾아 쓰시오.

3 감기약을 물 대신 카페인이 많은 커피, 녹차, 홍차 등과 함께 먹으면 안 되는 이유를 감기 약에 포함된 성분과 관련지어 서술하시오.

핵심이론

▶ 감기약: 바이러스에 직접 작용하는 치료제가 아니라 증상을 완화하는 효과가 있다.

▶ 백신: 질병을 일으키는 바이러스 등을 약하게 만들어 감염이 있기 전 인체 내에 주사하여 병원체에 감염되더라도 그 피해를 예방하거나 최소화하기 위해 사용하는 것이다.

물을 뿌리면 불이 왜 꺼질까?

물질이 불에 타는 현상을 연소라고 한다. 불에 타기 위해서는 세 가지 조건인 탈 물질, 산소, 온도가 모두 갖춰져야 하는데 이 중에서 온도는 물질에 불이 붙을 수 있을 만큼 충분히 높아야 한다. 물질이 불에 타기 시작하는 온도를 발화점이라고 하고, 물질이 불에 타기 위해서는 발화점에 도달할 때까지 열을 가해 주어야 한다. 일단 불이 붙어 물질이 타기 시작하면 그 열로 인해 계속 가열되므로 불은 바로 꺼지지 않고 계속 타게 된다.

불을 끄는 가장 좋은 방법은 탈 물질을 없애는 것으로, 탈 물질이 다 타버리면 불은 자연스럽게 꺼진다. 그러나 물을 뿌리는 것만으로는 탈 물질이 없어지지 않는다. 즉, 물은 연소의 세 가지 조건 중 탈 물질을 제외한 산소와 온도에 영향을 줘서 불을 끄는 것이다. 불이 붙은 곳에 많은 양의 물을 한꺼번에 뿌리면 물이 공기 중의 산소를 차단하기 때문에 불이 꺼지는 것이다. 또한, 물은 온도를 낮춘다. 물은 열을 많이 흡수하는 뛰어난 능력을 가지고 있으므로 물을 조금만 뿌려도 물질의 온도를 발화점 이하로 낮출 수 있다. 찬물뿐만 아니라 뜨거운 물 역시 대부분 발화점보다 온도가 낮으므로 불을 끄는 데 효과가 있다.

1 연소에 대한 설명으로 옳지 <u>않은</u> 것은?

① 탈 물질이 사라지면 불이 꺼진다.

② 뜨거운 물은 불과 같이 뜨거우므로 불을 끄지 못한다.

③ 물질이 불에 타기 시작하는 온도를 발화점이라고 한다.

④ 물로 불을 끌 수 있는 이유는 산소와 온도에 영향을 주기 때문이다.

⑤ 연소가 일어나려면 세 가지 조건인 탈 물질, 산소, 온도가 모두 갖춰져야 한다.

2 건물 안에는 불이 나면 높은 온도를 감지하여 물을 뿌리는 스프링클러가 천장에 있다. 스프링클러는 연소의 세 가지 조건 중 무엇을 제거하여 불을 끄는 것인지 쓰시오.

3 전기나 기름으로 발생한 불을 끌 때는 물을 뿌리면 안 된다. 그 이유를 전기와 기름의 특징을 바탕으로 각각 서술하시오.

핵심이론

▶ 연소: 물질이 산소와 반응하여 빛과 열을 내며 타는 현상

양초는 사라지는 걸까?

양초는 몸통과 실을 꼬아서 만든 심지로 이루어져 있다. 양초의 몸통은 보통 파라핀으로 만드는데 파라핀은 석유의 구성 성분인 탄화 수소로 이루어져 있다. 탄화 수소는 탄소와 수소로 이루어져 있으며 이들이 탈 때 공기 중의 산소와 반응하여, 탄소는 산소와 만나 이산화 탄소가 되고 수소는 산소와 만나 수증기(물)가 된다. 불꽃 온도가 높아 이산화 탄소와 수증기는 기체 상태로 대기 중으로 날아가므로 눈에 보이지 않아 마치 사라지는 것처럼 느껴진다.

양초가 탈 때 수증기가 만들어진다는 것이 믿기지 않는가? 그렇다면 은박 접시에 얼음 몇 조각을 넣어 차갑게 만든 다음 양초의 불꽃 위로 가져가 보자. 잠시 후 접시 바닥에 불꽃에서 만들어져 나온 수증기가 물방울로 맺히는 것을 관찰할 수 있을 것이다.

양초는 탈 때, 양초의 성분인 탄소와 수소가 산소와 모두 반응하지는 않는다. 불꽃에는 타지 않은 탄소가 남아 있다. 숟가락을 양초의 불꽃 속에 몇 초 동안 넣어 보면 숟가락이 검게 코팅되어지는 것을 관찰할 수 있는데 이 검은색의 물질이 바로 타지 못한 탄소 알갱이이다. 우리는 보통 이것을 그을음이라고 한다.

1 양초에 대한 설명으로 옳지 <u>않은</u> 것은?

① 양초는 파라핀으로 만든다.

② 양초의 성분 중 수소는 산소와 만나 물을 만든다.

③ 양초가 타는 것은 대기 중의 산소와 반응하는 것이다.

④ 양초의 성분 중 탄소는 산소와 만나 이산화 탄소를 만든다.

⑤ 양초가 탈 때 양초의 불꽃에는 타지 않고 남아 있는 탄소가 없다.

2 다음에서 설명하는 물질의 이름을 왼쪽 글에서 찾아 쓰시오.

> **설명**
>
> 가스레인지의 불꽃은 파란색인데 촛불, 모닥불, 산불, 불난 집 등에서의 불꽃은 붉은색이나 노란색이다. 그 이유는 연료를 태울 때 **이 물질**이 충분하게 공급되지 않아 100 % 모두 이산화 탄소와 물로 바뀌지 않기 때문이다.

3 양초에 심지가 없다면 양초의 몸통뿐만 아니라 녹은 액체 파라핀에도 불이 잘 붙지 않는다. 양초가 타는 모습을 바탕으로 심지의 역할을 추리하여 서술하시오.

핵심이론

▶ 완전 연소: 물질이 연소할 때 충분한 산소가 공급되어 물질이 더 탈 수 없는 상태가 되는 현상
▶ 불완전 연소: 물질이 연소할 때 산소가 부족하거나 온도가 낮아 연료가 완전히 연소되지 못하고 그을음이나 일산화 탄소가 생기는 현상

17 촛불, 다이아몬드를 만들다!

물질이란 물체를 이루는 재료로, 불 또는 불꽃은 엄격히 말하면 물질이 아니다. 불꽃은 양초 등의 연료가 공기 중의 산소와 만나면서 빛과 열을 내는 현상인 것이다. 따라서 불꽃이 무엇으로 이루어져 있는지 알아내는 것은 쉽지 않다.

영국 세인트앤 드루스 대학교 화학과의 저우 교수는 불꽃의 성분을 알아내기 위해 양초에 불을 붙이고 불꽃의 아랫부분, 중심 부분, 윗부분에서 여러 입자를 채집했는데 채집한 물질에서 탄소로 이루어진 물질이 네 가지 발견되었다. 여기서 놀라운 점은 발견된 탄소 물질 중에 다이아몬드 입자도 있었다는 것이다. 양초의 불꽃에 의해 만들어지는 다이아몬드 입자는 아주 작은 나노입자로 초당 약 150만 개가 만들어졌다고 한다. 하지만 이렇게 만들어진 다이아몬드 입자는 눈 깜짝할 사이에 사라져 버린다. 양초를 10분 동안 켜 놓으면 약 9억 개의 다이아몬드 입자가 생겼다가 이산화 탄소로 변해 대기 중으로 날아가 사라져 버린다.

1 불꽃에 대한 설명으로 옳은 것은?

① 불꽃은 양초를 이루는 물질이다.

② 불꽃의 성분을 알아내는 일은 쉽다.

③ 불꽃의 성분을 알아내려면 불꽃 주변 물질을 채집해야 한다.

④ 양초의 불꽃에서는 모두 세 가지의 탄소 물질이 발견되었다.

⑤ 양초가 공기 중의 산소와 만나면 빛과 열을 내는 불꽃이 생긴다.

2 왼쪽 글에서 양초의 불꽃에서 만들어지는 다이아몬드 입자가 눈 깜짝할 사이에 사라지는 이유를 찾아 쓰시오.

3 양초의 불꽃에서 발견된 네 가지 탄소 입자는 모두 다른 모습을 하고 있다. 그 이유를 추리하여 서술하시오.

핵심이론

▶ 물질: 물체를 이루고 있는 재료

▶ 나노입자: 천만 분의 1 m 이하로 아주 작은 입자

가스가 새면
어떻게 해야 할까?

도시에서 살던 혜인이네 가족은 시골의 새집으로 이사했는데 이 지역은 사람이 많이 살지 않아 도시가스(LNG)가 들어오지 않았다. 부모님께서 이삿짐을 정리하던 중 가스 설치 기사가 방문해 LPG 가스탱크를 연결해 주었다. 가스탱크 연결이 끝난 후, 잘 작동하는지 확인하기 위해 가스레인지의 밸브를 열고 불도 켜 보고, 보일러도 작동시켜 보았다.

이삿짐으로 어지러운 집 안을 대충 정리한 혜인이네 가족은 이사 기념으로 외식을 하고 집 주변을 둘러보았다. 몇 시간 뒤 혜인이네 가족이 집으로 돌아와 보니 집 안에서 가스 냄새가 많이 났다. 가스레인지의 밸브가 열려 가스가 새는 줄도 모르고 가족 모두 외출을 했었던 것이다. 아빠는 환기를 위해 집 안의 모든 창문을 열었다. 가스가 다 빠져나갈 때까지 혜인이네 가족은 마트에서 필요한 물건을 사오기로 했다.

가스가 모두 빠져나갔을 것이라고 생각한 혜인이네 가족은 집으로 돌아와 창문을 모두 닫았다. 그리고 새집에 이사 온 것을 축하하기 위해 케이크 위에 촛불을 붙였다. 그 순간 펑소리가 났다. 다행히 혜인이네 가족은 급히 밖으로 빠져나올 수 있었지만, 새집은 불에 타서 엉망이 되었다.

1 혜인이네 아빠가 몇 시간 동안 창문을 열어 두었는데도 집이 폭발한 것은 가스가 집 안에 그대로 남아 있었기 때문이다. 이와 관계된 LPG의 성질은?

① 냄새가 난다.
② 기체 상태이다.
③ 공기보다 가볍다.
④ 공기보다 무겁다.
⑤ 공기와 무게가 비슷하다.

2 혜인이네 아빠는 가스가 샜을 때 창문을 열어 두었는데 환기가 되지 않았다. LPG의 성질을 바탕으로 LPG가 샜을 때 환기할 수 있는 방법을 서술하시오.

3 다음 글을 읽고 욕조에서의 경험을 참고하여 에어컨과 난로를 어디에 설치하면 좋을지 그 이유와 함께 서술하시오.

> 새집으로 이사 가기 전 날 밤, 혜인이는 목욕을 하기 위해 욕조에 물을 틀어 놨다. 물이 가득 찬 욕조에 발을 넣는 순간, 물이 뜨거웠지만 혜인이는 용기를 내어 몸을 담갔더니 아래쪽은 아직 차가운 부분도 있고 따뜻했다. 혜인이는 빙그레 웃으면서 '새집의 에어컨과 난로 위치는 내가 정해야지.' 하고 생각했다.

핵심이론

▶ LNG(액화 천연 가스): 주성분은 메테인 가스로 공기보다 가볍고, 도시가스로 사용된다.
▶ LPG(액화 석유 가스): 주성분은 프로페인 가스로 공기보다 무겁다.

악어가 돌을 먹는 이유

악어를 좋아하는 대현이는 악어에 대한 책을 읽기 시작했는데 악어의 위 속에서 4~5 kg 이나 되는 돌덩이를 발견할 수 있다고 한다. 악어는 왜 돌덩이를 먹을까?

물체가 물 위에 뜨거나 가라앉는 것은 밀도와 관계가 있다. 금속을 물속에 집어넣으면 가라앉는다. 그것은 금속의 밀도가 물의 밀도보다 훨씬 크기 때문이다. 그러나 물의 밀도보다 밀도가 작은 스타이로폼은 물 위에 뜬다. 즉, 물체의 밀도가 물의 밀도보다 크면 가라앉고, 작으면 뜬다. 여기서 알 수 있듯이 물 위로 뜨기 위해서는 밀도가 작아야 하고, 물 아래로 가라앉게 하기 위해서는 밀도가 커야 한다. 밀도는 물체의 질량과 부피와 관계된 값으로, 밀도를 조절하려면 물체의 질량이나 부피를 변화시키면 된다. 즉, 밀도를 낮추기 위해서는 질량을 줄이고 부피를 늘리면 되고, 밀도를 높이기 위해서는 질량을 늘리고 부피를 줄이면 되는 것이다.

악어는 먹이를 잡을 때 수면 바로 밑까지 잠수하여 눈 부위만 살짝 드러낸 상태로 먹이에게 다가간다. 이때 정상적인 상태에서는 몸이 둥둥 떠오르니까 먹이에게 들키지 않고 다가가기 위해서 돌덩이를 먹어 밀도를 높여 몸을 물속으로 가라앉게 하는 것이다.

1　밀도에 대한 설명으로 옳은 것은?

　　① 물질의 질량과 부피와 관계된 값이다.

　　② 물의 밀도보다 밀도가 큰 물체는 물에 뜬다.

　　③ 질량은 작아지고 부피가 커지면 밀도는 커진다.

　　④ 질량은 커지고 부피가 작아지면 밀도는 작아진다.

　　⑤ 물의 밀도보다 밀도가 작은 물체는 물에 가라앉는다.

2　왼쪽 글에서 악어가 물에 가라앉기 위해 밀도를 높인 방법을 찾아 쓰시오.

3　오른쪽과 같이 깊은 구멍 속으로 다이아몬드가 빠졌는데 손이 닿지 않아 꺼낼 수가 없다. 밀도를 이용하여 다이아몬드를 꺼낼 수 있는 방법을 서술하시오.

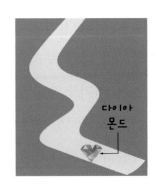

다이아몬드

핵심이론

▶ 밀도: 일정한 면적에 물질이 빽빽이 들어 있는 정도로, 물질의 질량을 부피로 나눈 값

▶ 질량: 물체마다 가지고 있는 고유의 양

추위를 이긴 매머드

대표적인 멸종 동물인 매머드는 코끼리와 같은 조상에서 진화했다. 하지만 둘 사이에는 큰 차이가 있다. 코끼리는 따뜻한 지방에서 살지만, 매머드는 빙하기의 거센 추위에서도 살 수 있었다.

매머드는 어떻게 추운 곳에서도 살 수 있었을까?

매머드가 추위를 이겨낸 비결은 코끼리에게 없는 두꺼운 털이라고 알려졌다. 그런데 두꺼운 털 이외에도 매머드의 다른 생존의 비법이 있었다. 케빈 캠벨 교수는 땅의 온도가 영하로 내려가 지하 수분이 얼어 있는 층에 갇힌 4,300년 전 매머드의 뼈를 구해, DNA 연구 전문가 알랜 쿠퍼 박사와 함께 4,300년 전 살았던 매머드의 혈액을 복원했다. 이렇게 복원한 매머드의 혈액 샘플을 아시아와 아프리카 코끼리의 혈액과 비교했다. 혈액 속에 있는 헤모글로빈은 산소를 전달하는 역할을 하는데 코끼리의 혈액 속에 있는 헤모글로빈은 사람과 마찬가지로 따뜻한 온도에서만 산소를 잘 전달했지만 매머드는 달랐다. 매머드는 온도와 관계없이 혈액 속 헤모글로빈이 지속적으로 산소를 몸에 전달하는 것이었다. 이런 차이는 매머드가 혹독한 추위에서 어떻게 적응할 수 있었는지를 설명해 준다.

1 매머드에 대한 설명으로 옳지 않은 것은?

① 현재 멸종된 동물이다.

② 추운 환경에서도 살 수 있었다.

③ 코끼리와 같은 조상에서 진화한 동물이다.

④ 두꺼운 털이 있어 추위를 견뎌낼 수 있었다.

⑤ 기온이 낮아지면 혈액 속의 헤모글로빈이 산소를 전달하지 못한다.

2 왼쪽 글에서 매머드의 혈액을 복원하여 알아낸 특성을 찾아 쓰시오.

3 매머드가 문제 2번과 같은 특성이 없었다면 빙하기의 혹독한 추위를 이기기 위해서 어떻게 했을지 추리하여 서술하시오.

핵심이론

▶ 빙하기: 오랫동안 쌓인 눈이 다져져 육지 일부를 덮고 있는 얼음층이 존재했던 시기

▶ 헤모글로빈: 혈액 속에 있는 붉은 빛을 띠는 색소 단백질로 산소를 운반한다.

안쌤의
STEAM
+ 창의사고력
과학 100제

Ⅲ

생명

21 키 쑥쑥, 몸 튼튼 '비타민 D'

영화 〈반지의 제왕〉과 〈호빗〉에 등장하는 골룸은 왜 항상 착한 주인공에게 질까?

그 이유는 골룸의 몸속에 '비타민 D'가 부족하기 때문이라는 재미있는 연구 결과가 나왔다. 비타민 D는 칼슘의 흡수를 촉진시켜 뼈를 튼튼하게 하는 데 도움을 주는 영양소이다. 비타민 D는 달걀 노른자, 생선, 치즈와 같은 음식에도 들어있지만 주로 햇빛을 통해 얻어진다. 영국 임페리얼 칼리지 런던 대학 연구팀은 호주 의학저널에 "나쁜 주인공이 착한 주인공에게 지는 것은 비타민 D가 부족하기 때문이다."라는 연구 결과를 발표했다. 연구팀의 니콜라스 홉킨슨 박사는 "마지막에 승리를 차지한 빌보 배긴스는 골룸보다 비타민 D가 만들어지는 활동을 눈에 띄게 많이 했다. 소설이나 영화 속에 등장하는 악당 캐릭터들이 영웅들에게 지는 이유는 바로 어둠을 좋아하기 때문이다."라고 말했다.

뼈가 자라는 성장기 어린이의 몸에 비타민 D가 부족하면 어떻게 될까? 비타민 D가 부족하면 칼슘이 충분히 뼈에 흡수되지 못해 다리가 곧지 못하고 바깥쪽으로 둥글게 휘어지는 구루병에 걸릴 수 있다. 비타민 D는 '햇빛 비타민'이라 불릴 만큼 낮에 야외 활동을 하는 것으로도 충분히 얻을 수 있으므로 낮 시간 동안 햇빛을 충분히 받는 것이 중요하다.

1 비타민 D에 대한 설명으로 옳지 <u>않은</u> 것은?

① 칼슘의 흡수를 돕는다.

② 햇빛을 쬐면 파괴된다.

③ 부족하면 다리가 휘는 병에 걸린다.

④ 뼈를 튼튼하게 하는 데 도움을 준다.

⑤ 달걀 노른자, 생선, 치즈와 같은 음식을 통해 얻을 수 있다.

2 왼쪽 글에서 비타민 D가 부족할 경우 칼슘이 뼈에 충분히 흡수되지 못해 다리가 바깥쪽으로 둥글게 휘어지는 병을 무엇이라고 하는지 찾아 쓰시오.

3 서울대학교 학부생과 대학원생을 대상으로 정기 건강 검진을 실시한 결과 비타민 D 수치가 20대 성인의 평균 수치보다 부족한 학생이 많았다. 학생들의 비타민 D 수치가 낮은 이유를 추리하여 서술하시오.

핵심이론

▶ 비타민: 매우 적은 양으로 물질 대사나 생리 기능을 조절하는 필수적인 영양소이다. 비타민은 체내에서 전혀 합성되지 않고, 합성되더라도 충분하지 못하기 때문에 음식물로 섭취해야 한다.

22 스마트폰이 병의 원인?

국내 스마트폰 보급율은 93% 정도이다. 어린아이부터 할머니, 할아버지까지 전 나이에 걸쳐 사용되는 스마트폰은 이제 우리 생활에서 떼려야 뗄 수 없는 존재가 되었다. 스마트폰 사용으로 생활은 편리해졌지만, 문제점도 드러나고 있다. 스마트폰의 의존도가 높아지거나 게임에 중독될 수도 있고, 스마트폰의 과도한 사용은 일자목이나 안구건조증, 소음성 난청의 원인이 되기도 한다.

■ 일자목 현상

스마트폰을 장시간 사용하면 체형이 망가진다. 보통 스마트폰을 사용할 때 고개를 숙이고 목을 앞으로 내미는데, 이런 자세가 지속될 경우 목뼈의 형태가 1자로 되는 일자목 현상이 나타난다.

■ 안구건조증

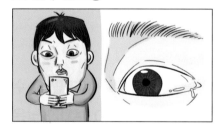

스마트폰처럼 응시하고 있는 부분의 면적이 좁을수록 눈을 깜빡이는 횟수가 줄어들어 분비되는 눈물의 양이 감소한다. 우리의 눈은 울지 않을 때도 눈물을 조금씩 분비하여 눈을 보호하는데, 눈을 깜빡이지 않으면 눈물이 마르는 안구건조증이 생긴다.

■ 소음성 난청

보통 스마트폰으로 음악을 듣거나 동영상을 볼 때는 이어폰을 사용한다. 이어폰을 낀 상태로 약한 강도의 소음에 장시간 노출되어 있으면 소음성 난청에 걸릴 수 있다. 소음성 난청이 생기면 귀가 '웅'하고 울리며, 시끄러운 장소에서 대화하기 어렵다.

1 스마트폰의 부작용에 대한 설명으로 옳은 것을 <u>모두</u> 고르면?

① 스마트폰 게임에 중독될 수 있다.

② 언제든지 쉽게 정보를 검색할 수 있다.

③ 고개를 계속 숙이므로 일자목이 될 수 있다.

④ 이동하면서 음악을 듣거나 동영상을 볼 수 있다.

⑤ 화면을 계속 쳐다보면 안구건조증이 발생할 수 있다.

2 왼쪽 글에서 스마트폰의 작은 화면을 너무 집중하여 보면서 눈을 자주 깜빡이지 않아 눈이 건조하게 되는 증세를 무엇이라고 하는지 찾아 쓰시오.

3 혹시 나도 스마트폰 중독인지 생각해 보고, 스마트폰을 올바르게 사용하기 위한 행동 지침을 세 가지 서술하시오.

핵심이론

▶ 스마트폰 중독: 스마트폰의 편의성에 중독되어 스마트폰에서 손을 떼면 불안해하거나 초조해하는 등 부작용을 느끼는 것

23 체중 조절용 식품과 건강

시리얼, 곡물 바와 같은 '체중 조절용 식품'은 대부분 열량이 지나치게 낮다. 따라서 다른 음식은 먹지 않으면서 이 식품만 섭취할 경우 영양 불균형이 발생할 가능성이 있다는 주장이 제기되었다. 소비자 단체인 녹색소비자연대가 시중에 판매되는 25개의 체중 조절용 식품을 조사한 결과, 23개 제품의 1회 제공량당 열량이 밥 한 공기에 해당하는 열량인 200 kcal가 되지 않는 것으로 나왔다.

사람은 '1일 권장 섭취량'을 잘 지켜 먹어야 몸에 필요한 영양소를 공급받을 수 있어 건강에 이상이 없다. 1일 권장 섭취량이란 건강한 사람이 하루에 먹는 음식에 꼭 포함되어야 할 영양분의 양을 말하는데, 1일 권장 섭취량은 나이와 성별에 따라 달라진다. 남자 어린이는 하루에 1,600~2,400 kcal, 여자 어린이는 하루에 1,500~2,000 kcal를 섭취해야 한다.

1 1일 권장 섭취량에 대한 설명으로 옳지 <u>않은</u> 것은?

① 남자 어린이는 하루에 1,600~2,400 kcal의 양을 섭취해야 한다.

② 여자 어린이의 권장 섭취량이 남자 어린이의 권장 섭취량보다 많다.

③ 1일 권장 섭취량보다 더 많은 양을 섭취할 경우 비만의 원인이 될 수 있다.

④ 1일 권장 섭취량보다 더 적은 양을 섭취할 경우 건강에 나쁜 영향을 미칠 수 있다.

⑤ 건강한 사람이 하루에 먹는 음식에 꼭 포함되어야 할 영양분의 양을 1일 권장 섭취량이라고 한다.

2 왼쪽 글에서 다이어트에 도움이 된다고 광고하는 체중 조절 식품을 밥 대신 먹으면 건강에 위험한 이유를 찾아 쓰시오.

3 다이어트(diet)란 식사나 식습관을 뜻하는 영어 단어이지만, 이제는 체중을 조절하기 위한 식단이나 식이요법이라는 뜻으로 사용되고 있다. 건강한 다이어트를 할 수 있는 식습관 방법을 세 가지 서술하시오.

핵심이론

▶ 열량: 열의 많고 적음을 나타내는 양으로, 단위는 cal(칼로리)와 kcal(킬로칼로리)를 사용한다.

설탕보다 더 위험한 소금

소금(염화 나트륨)을 과다하게 섭취하면 고혈압, 뇌졸중, 비만, 위암 등과 같은 만성질환을 유발한다. 소금은 고혈압이나 심·뇌혈관질환을 일으킬 뿐 아니라 증상을 악화시킨다. 세계보건기구(WTO)가 권장하는 1일 나트륨 섭취량은 2 g이지만, 대부분의 사람들은 하루 평균 4 g의 나트륨을 섭취하는 것으로 나타났다. 특히 한국인의 하루 평균 나트륨 섭취량은 4.791 g이나 된다. 국, 찌개, 김치, 고추장, 된장, 간장, 젓갈, 자반고등어, 라면, 냉면 등 우리나라 사람들이 즐겨 먹는 음식에 나트륨이 많이 포함되어 있기 때문이다.

그렇다면 나트륨을 섭취하지 않아야 하는 것일까? 아니다. 나트륨은 신경 자극을 생성하고, 근육 수축에 관여하여 체내의 산−염기 평형을 유지하는 데 꼭 필요한 물질이므로 적정량을 반드시 섭취를 해야 한다. 다만 너무 많이 섭취하면 여러 가지 병을 일으켜 사망에 이를 수 있으니 주의해야 한다. 보건복지부에서는 어린이의 경우 하루 소금 섭취량을 1.5 g으로 권고하고 있다.

1 소금에 대한 설명으로 옳지 <u>않은</u> 것은?

① 다른 말로 염화 나트륨이라고 한다.

② 아무리 많이 먹어도 건강에 해롭지 않다.

③ 어린이의 하루 소금 섭취 권장량은 1.5 g이다.

④ 우리나라 사람들이 즐겨 먹는 음식에는 소금이 많이 들어 있다.

⑤ 과다하게 섭취하면 고혈압, 뇌졸중, 비만 등과 같은 만성질환을 일으킨다.

2 소금을 너무 많이 섭취하면 어떤 물질에 중독되어 심할 경우 사망에 이르게 된다. 왼쪽 글에서 과다 섭취로 사망에 이르게 하는 물질을 무엇이라고 하는지 찾아 쓰시오.

3 나트륨의 과다 섭취를 줄이기 위한 방법을 세 가지 서술하시오.

핵심이론

▶ 나트륨과 건강: 나트륨은 모든 동물에게 꼭 필요한 물질로, 삼투압과 세포 내 pH 조절 등 생명 활동에 관여한다. 나트륨이 결핍되면 몸이 붓거나 저혈압의 원인이 되고, 지나치게 많이 섭취하면 여러 가지 질병을 일으킨다.

25 한강의 녹조

강에 녹조 현상이 일어나면 물에서 악취와 흙냄새가 나기 때문에 많은 사람들이 고통을 받는다.

녹조 현상이란 무엇일까? 녹조 현상은 물에 영양물질이 증가하여 유속이 느린 하천에 녹조류가 크게 늘어나 물이 녹색으로 변하는 현상이다. 녹조류는 많은 양의 엽록소를 가지고 있어 녹색을 띠는 조류로, 청각이나 파래 등이 녹조류에 속한다. 여름철 수온이 25 ℃ 이상으로 유지되어 물이 따뜻해지면 물속에 영양물질이 증가한다. 여기에 햇빛이 많이 비치면 녹조류와 플랑크톤이 활발하게 증식해서 녹조 현상이 일어난다. 또한, 폭염으로 인해 물이 마르고 장마가 짧아져 비가 많이 내리지 않으면 물의 양 자체가 줄어들어 녹조 현상의 피해가 더욱 커진다. 물 표면에 녹조가 덮이면 물속으로 들어가는 햇빛이 차단되어 물속에 산소가 추가로 유입되지 않아 물속에 녹아 있는 산소량이 줄어들게 된다. 물속의 산소량이 줄어들면 물고기와 수중 생물이 죽고 물에서 악취가 나며, 해당 지역의 생태계가 파괴되어 사회적 · 경제적 · 환경적 측면에서 많은 문제가 생긴다.

1 녹조 현상 대한 설명으로 옳지 <u>않은</u> 것은?

① 청각이나 파래 등이 녹조류에 속한다.

② 물의 흐름이 느린 곳에 녹조 현상이 잘 발생한다.

③ 녹조류가 늘어나 물 색깔이 녹색이 되는 현상이다.

④ 녹조류가 많아지면 물속에 녹아있는 산소량이 증가한다.

⑤ 녹조 현상이 심할 경우 해당 수역의 생태계가 파괴되기도 한다.

2 날씨가 추운 겨울철보다 더운 여름철에 녹조 현상이 더 잘 발생하는 이유를 쓰시오.

3 녹조 현상이 발생하면 수면에 황토를 뿌려 물속으로 들어가는 햇빛을 차단해 녹조 번식을 막고, 녹조들이 황토와 뒤엉켜 바닥으로 가라앉게 하는 방법으로 해결할 수 있다. 황토를 이용한 방법 외에 녹조 현상을 해결하는 방법을 서술하시오.

핵심이론

▶ 녹조류: 엽록체가 많아 녹색을 띠며, 녹색식물 중에서 가장 간단한 체제를 갖는다.

외래종, 꽃매미!

2000년대 후반 산림청은 포도 농가에 피해를 주는 꽃매미의 확산을 막기 위해 알이 부화하기 전인 4월 말까지 대대적으로 알집을 제거하는 작업을 펼쳤다.

꽃매미가 어떤 나쁜 짓을 하기에 알집을 제거했던 걸까? 꽃매미는 나무에 달라붙어 즙을 빨아 먹어서 나무의 성장을 방해하고, 심한 경우 말라죽게 한다. 꽃매미는 중국이 고향인 외래종으로 중국에서 건너온 묘목이나 화물에 알이 묻어와 우리나라로 옮겨졌다. 꽃매미와 같은 외래종이 많이 유입되면 '토종' 생태계는 균형을 잃고 혼란에 빠지기 때문에, 꽃매미는 2009년 생태계 교란생물로 지정되었다. 꽃매미와 같은 외래종이 들어오면 우리나라에 있던 고유종은 '꽃매미가 어떤 곤충인지', '힘은 얼마나 센지', '잡아먹어도 괜찮은지' 알 수 없다. 따라서 먹이사슬로 이뤄진 생태계에서 고유종이 꽃매미를 괴롭히거나 잡아먹지 않아 꽃매미가 번식하기 더 좋다.

따뜻한 중국 남부 지방에 살던 꽃매미가 갑자기 우리나라에서 늘어났던 이유는 무엇일까? 지구온난화로 인해 우리나라의 연평균 기온이 상승하면서 서식에 유리한 조건이 되있기 때문이다. 또한, 초기에 꽃매미를 잡아먹는 천적이 없었던 것도 큰 영향을 주었다. 하지만 2010년과 2017~2018년 기록적인 한파로 인해 꽃매미 유충이 많이 얼어 죽었고, 2015년에는 꽃매미만을 잡아 먹는 천적 꽃매미벼룩좀벌이 발견되어 현재는 개체수가 많이 감소했다.

1 꽃매미에 대한 설명으로 옳지 <u>않은</u> 것은?

① 꽃매미의 고향은 중국이다.

② 꽃매미는 따뜻한 지역에서 잘 산다.

③ 꽃매미의 알은 4월 말이 지나면 부화한다.

④ 꽃매미는 추운 지방에서도 잘 살게 되었다.

⑤ 꽃매미는 나무의 영양분을 빨아먹어 나무를 말라죽게 한다.

2 따뜻한 중국 남부 지방에서 살던 꽃매미가 우리나라에서 살 수 있게 된 것은 우리나라 기후가 따뜻해진 것을 나타낸다. 왼쪽 글에서 우리나라의 기후가 변한 원인을 찾아 쓰시오.

3 꽃매미와 같은 외래종이 우리나라 생태계에 미치는 영향은 무엇인지 서술하시오.

핵심이론

▶ 외래종: 원래의 서식지가 아닌 장소로 이동해 생활을 계속하는 종
▶ 고유종: 어느 한 지역에만 있는 특정한 생물의 종

27 초파리는 어떻게 생겨날까?

초파리는 영어로 'fruit fly'라고 하며, 과일의 당분을 찾아내는 능력이 매우 발달되어 있다. 초파리의 크기는 2~5 mm 정도로 방충망도 뚫고 들어올 수 있다. 어디선가 바나나의 단 냄새를 맡은 초파리 한 마리는 방충망을 뚫고서라도 들어와 아무도 모르게 바나나에 착륙한 후 신나게 바나나 과즙을 쭉쭉 빨아먹고 바나나 껍질에 알도 낳고 날아간다. 초파리는 한 번에 알을 400~900개씩 낳는데 이 알들은 일주일만 지나면 성충이 되고 다시 알을 낳을 수 있다. 한 마리의 초파리가 바나나에 잠시 들렀다 가면 일주일 후에 그 바나나는 초파리의 천국이 될 것이다.

바나나에 초파리가 생기지 않게 하려면 어떻게 해야 할까? 그 바나나 주위에 계피를 함께 두면 초파리가 생기지 않는다. 계피는 초파리뿐만 아니라 모기나 벌레도 쫓을 수 있다. 또한, 페트병으로 간단히 초파리 트랩을 만들어 초파리를 잡을 수도 있다. 초파리는 공간 지각 능력이 아주 낮아서 넓은 입구로 들어갈 수는 있어도 좁은 입구로 나오지는 못한다고 한다.

1 초파리에 대한 설명으로 옳지 <u>않은</u> 것은?

　① 달콤한 과일 냄새를 잘 맡는다.

　② 크기가 5 mm 이하로 매우 작다.

　③ 공간 지각 능력이 낮다고 알려져 있다.

　④ 한 번에 400~900개 정도의 알을 낳는다.

　⑤ 알이 자라서 성충이 되기까지 약 한 달이 걸린다.

2 생물이 어떻게 생기는지에 대해 설명한 것이다. 왼쪽 글에서 실온에 둔 바나나 주변에서 초파리가 생기는 이유를 찾아 쓰시오. 또, 바나나 주변에서 초파리가 생기는 이유가 자연발생설과 생물속생설 중에서 어떤 설명에 해당하는지 쓰시오.

3 문제 2번의 생물속생설 실험 결과에 타당성을 주기 위해 실험에서 같게 해야 할 조건과 다르게 해야 할 조건을 쓰시오.

핵심이론

▶ 자연발생설: 생물은 자연적으로 우연히 발생하며, 어버이가 없어도 생물이 생길 수 있다고 주장하는 과학 이론

▶ 생물속생설: 생물이 발생하기 위해서는 반드시 어버이가 있어야 한다는 과학 이론

28 사람이 겨울잠을 잔다면?

개구리, 뱀, 거북, 박쥐 등 겨울잠을 자는 동물들은 대체로 덩치가 작다. 체구가 작으므로 체온 유지를 위해 많은 에너지가 필요한데, 겨울에는 먹잇감이 부족하여 먹이를 구하러 돌아다니다가 얼어 죽거나 다른 동물에게 잡아먹힐 수도 있다. 따라서 겨울잠을 통해 포식자의 눈을 피하고, 체내 에너지 소비를 줄여 생존율을 높이는 것이다. 또, 겨울잠을 자는 동안은 면역력이 떨어져서 바이러스와 병원균이 침투하더라도 체온이 낮아 활성화되지는 않는다. 추운 지역에 사는 불곰, 흑곰, 반달가슴곰 등을 제외하고 따뜻한 지역에 살거나 비교적 몸집이 큰 포유류는 대부분 겨울잠을 자지 않는다.

겨울잠을 자는 동물들은 어떻게 겨울잠을 자는 것일까? 겨울잠을 자는 동물의 혈액 속에는 '동면 유도 촉진제(HIT)'라 불리는 단백질이 있는 것으로 알려져 있다. 또한, 미국의 과학자들은 겨울잠을 자지 않는 쥐에게 '엔케팔린'이라는 단백질을 주입해 겨울잠에 자게 했다가 부작용 없이 깨어나게 하는 실험에 성공하기도 했다. 이처럼 겨울잠을 자게 하는 단백질을 이용하면 사람도 겨울잠을 잘 수 있을지도 모른다.

1 **겨울잠에 대한 설명으로 옳지 <u>않은</u> 것은?**

① 겨울잠을 통해 포식자의 눈을 피할 수 있다.

② 겨울잠을 자는 동물들은 대체로 덩치가 작다.

③ 겨울잠을 자는 동안 체내 에너지 소비율을 낮춘다.

④ 따뜻한 지역에 사는 동물들은 대부분 겨울잠을 잔다.

⑤ 겨울잠을 자는 동안 바이러스가 침투해도 체온이 낮아 활성화되지 않는다.

2 **우리 주변에서 겨울잠을 자는 동물을 세 가지 쓰시오.**

3 **만약 사람이 겨울잠을 잔다면 어떤 좋은 점이 있을지 서술하시오.**

핵심이론

▶ 겨울잠: 동물들이 활동을 중단하고 땅속 등에서 겨울을 보내는 일

29 나를 찾아봐!

카멜레온보다 더한 변신의 귀재가 있다. 바로 문어와 오징어이다. 죽은 상태의 문어나 오징어는 흰색 바탕에 갈색이나 회색 반점이 있을 뿐이지만, 살아 있는 문어와 오징어는 다른 동물들이 따라오지 못할 정도로 현란하게 몸의 색과 무늬를 바꿀 수 있다.

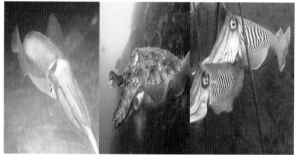

주변 환경에 따라 몸의 색을 바꾸는 갑오징어

동물들이 자신의 몸의 색을 바꾸는 이유는 적들로부터 자신을 보호하기 위함이다. 동물 중에는 몸의 색뿐만 아니라 자신의 몸의 모양까지 주위와 비슷하게 바꾸는 종들이 있다. 이처럼 주변의 색깔과 비슷하여 다른 동물에게 발견되기 어려운 색깔을 보호색이라고 하며, 색깔뿐만 아니라 모양까지 비슷하게 하는 것을 의태라고 한다.

나뭇잎꼬리 도마뱀 붙이

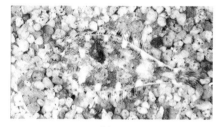

넙치

대벌레

스노우 표범

1 다음 중 자신의 몸을 보호하는 방법이 <u>다른</u> 하나는 어느 것인가?

① 카멜레온 ② 문어 ③ 갑오징어

④ 자벌레 ⑤ 박쥐 얼굴 두꺼비

2 왼쪽 글에서 카멜레온이나 갑오징어처럼 자신이 적의 눈에 띄지 않도록 주변의 환경과 비슷하게 바꾼 몸의 색깔을 무엇이라고 하는지 찾아 쓰시오.

3 미국 북부나 캐나다의 숲에 서식하는 갈색 토끼는 겨울이 되면 털갈이를 해서 온 몸이 흰색이 된다. 토끼가 털갈이하는 이유를 추리하여 서술하시오.

핵심이론

▶ 보호색: 동물의 색이 주위 환경이나 배경의 빛깔과 닮아서 다른 동물에게 발견되기 어려운 색
▶ 경계색: 자신이 위험한 동물이라는 것을 적에게 알릴 수 있도록 눈에 띄는 색
▶ 위협색: 자기를 공격하려는 동물에게 위협을 주는 효과가 있는 색깔이나 무늬
▶ 의태: 주위의 물체나 다른 동물과 매우 비슷한 모양을 하고 있는 것

30 새로운 특징을 가진 생물

1978년 독일 생물학 연구소는 가지에는 토마토가 열리고, 땅속에서는 감자가 열리는 포메이토를 만드는 데 성공했다. 포메이토는 유전공학기술을 사용해 감자와 토마토의 세포를 융합시켜서 얻은 새로운 식물이다.

이후 과학자들은 생물의 유전자를 조작하여 새로운 특징을 가진 생물을 연구하기 시작했다. 깊은 바다에 살아서 추위에 강한 넙치의 유전자를 추위에 약한 딸기에 이식하면 추위에 강한 새로운 딸기를 만들 수 있다. 수선화나 옥수수에서 베타카로틴을 만드는 유전자를 추출해 벼 유전자에 넣어 만든 황금쌀도 있다. 베타카로틴이 비타민 A로 바뀌기 때문에 베타카로틴이 함유되어 있는 황금쌀을 섭취하면 야맹증이나 빈혈로 힘들어 하는 사람들에게 도움을 줄 수 있다. 뿐만 아니라 성장호르몬 분비를 조절하는 물질을 제거해 더 크게 성장하도록 유전자를 조작한 슈퍼연어도 만들었으며, 제초제에 강한 저항성을 보이는 유전자를 콩이나 옥수수에 넣어 제초제에 강한 콩과 옥수수를 만들었다. 이처럼 유전자 재조합을 통해 새롭게 생산된 농작물을 원료로 만들어진 식품을 유전자 조작 식품(GMO, Genetically Modified Organism)이라고 한다.

1 유전자를 조작한 생물에 대한 설명으로 옳지 <u>않은</u> 것은?

    ① 황금쌀은 베타카로틴 유전자가 이식된 쌀이다.

    ② 포메이토는 토마토와 고구마를 합친 품종이다.

    ③ 제초제에 강한 콩과 옥수수는 대량 생산이 가능하다.

    ④ 넙치 유전자를 딸기에 이식하여 추위에 강한 딸기를 만들 수 있다.

    ⑤ 성장호르몬 분비를 조절하는 유전자를 조작해 생물의 크기를 조절할 수 있다.

2 왼쪽 글에서 추위에 강한 넙치의 유전자를 추위에 약한 딸기에 이식하거나, 베타카로틴 유전자를 베타카로틴이 없는 벼에 이식하는 것 등 생물의 유전자를 변형시키는 것을 무엇이라고 하는지 찾아 쓰시오.

3 유전자 조작 식품의 장점과 단점을 각각 한 가지씩 서술하시오.

핵심이론

▶ 유전자: 부모로부터 자식에게 물려지는 특징을 만들어내는 유전 정보의 기본 단위
▶ 유전자 조작: 특수 효소를 이용하여 유전자를 자르거나 연결하여 유전자를 변형하는 것

안쌤의
STEAM
+ 창의사고력
과학 100제

IV

지구

31 황사의 습격

황사는 수천 년 전부터 계속되어 온 자연 현상이지만, 중국의 공업화로 인해 더욱 심각한 문제가 되었다. 황사는 상해, 천진 등 중국 동부 연안 공업 지대에서 발생하는 실리콘(SiO_2)이나 카드뮴(Cd), 납(Pd), 알루미늄(Al), 구리(Cu) 등과 같은 미세 중금속 가루를 잔뜩 포함해 우리나라로 날아오기 때문에 단순한 '모래 가루'가 아닌 생명을 위협하는 '죽음의 분진'이 되어 버렸다. 또한, 황사는 봄철 우리나라의 대기 특성 때문에 더욱 위험하다. 봄철에는 일교차가 커 지표면의 공기는 차고 지상 위의 공기는 따뜻하므로 공기의 대류가 활발하게 일어나지 않는다. 따라서 황사도 다른 곳으로 이동하지 못해 더 큰 피해를 준다. 보통 황사 입자의 크기는 평균 20 ㎛(마이크로미터) 이상이어서 기관지와 같은 호흡 기관에서 대부분 걸러지므로 인체에는 큰 영향을 끼치지 않는다. 하지만 일부 미세먼지와 섞여 함께 날아온 미세 중금속 가루는 크기가 작아 호흡 기관에서 걸러지지 않고 우리 몸에 들어와 쌓이게 된다. 이들은 콧물, 코막힘, 두통을 동반한 알레르기성 비염에서부터 기도 염증, 천식과 같은 호흡기 질환, 그리고 알레르기성 결막염, 안구건조증 등의 안과 질환까지 유발한다. 따라서 황사가 심할 때는 되도록 외부 활동을 피하는 것이 좋으며 일반 마스크가 아닌 분진 마스크를 착용하는 것이 효과적이다. 그리고 외출 후에는 꼭 목욕을 통해 몸에 달라붙은 먼지를 제거하는 것이 좋다.

1 황사에 대한 설명으로 옳은 것은?

① 최근 중국의 공업화 때문에 황사가 나타나기 시작했다.

② 우리나라 봄철에 나타나는 황사는 더 큰 피해를 줄 수 있다.

③ 보통 황사 입자는 호흡 기관에서 걸러지지 않으므로 몸에 쌓인다.

④ 황사는 카드뮴, 알루미늄, 납, 구리 등과 같은 미세 중금속 가루이다.

⑤ 분진 마스크보다 일반 마스크를 착용하는 것이 황사에 더 효과적이다.

2 왼쪽 글에서 중국과 몽골의 사막 지대의 모래먼지가 강한 바람에 실려 우리나라로 날아오는 것을 무엇이라고 하는지 찾아 쓰시오.

3 옛날부터 황사는 비가 적게 내리는 사막 지역에서 발생했다. 최근에는 몽골 초원 지대의 사막화가 급속히 진행되면서 이 지역에서도 황사가 만들어진다. 황사를 막기 위한 대책을 한 가지 서술하시오.

핵심이론

▶ 황사 발생 지역: 중국과 몽골의 사막 지역과 그 일대는 대부분 해발 약 1,000 m 이상에 있어 강한 바람을 타고 황사가 이동하기 좋다.

▶ μm(마이크로미터): 100만 분의 1 m

32 폼페이 최후의 날

이탈리아 폼페이는 전 세계에 있는 수많은 문화유산 중 완벽하게 보존된 곳으로 손꼽힌다. 폼페이가 전 세계의 관광객은 물론 역사학자, 고고학자 등 전문가들까지 모여들게 하는 것은 폼페이만이 가진 독특함 때문이다.

폼페이는 서기 79년 8월 24일 하루아침에 불덩이 같은 화산재에 묻혀 버린 고대 도시로, 로마 시대에 번영을 누렸던 곳이다. 인근 베수비오 화산이 폭발하면서 화산재 등이 최고 6 m까지 높게 쌓여 도시를 통째로 뒤덮었고, 피난을 가지 못한 주민들과 동물들은 그대로 그 자리에 영원히 묻혀버렸다. 폼페이는 묻힌 지 1,600년이 지난 1748년 본격적으로 발굴되기 시작했고, 옛 폼페이 도시의 거의 절반 정도가 발굴되었다.

화산재가 순식간에 사람과 도시를 덮쳐 모든 게 멈춰버린 폼페이는 찾는 이들에게 문화유산 이외에도 갖가지 풍성한 영감을 안긴다. 아이를 안은 채 숨을 거둔 어머니, 뜨거운 고통으로 일그러진 얼굴의 남자, 빵을 구우려던 빵 가게 아저씨 등이 당시의 상황을 생생하게 보여준다.

1 폼페이에 대한 설명으로 옳지 <u>않은</u> 것은?

① 폼페이는 용암에 묻힌 고대 도시이다.

② 1748년부터 본격적으로 발굴되기 시작했다.

③ 로마제국의 일상생활을 엿볼 수 있는 유적이다.

④ 서기 79년 8월 24일에 도시가 한순간에 묻혀버렸다.

⑤ 인근 베수비오 화산이 폭발하면서 화산재가 도시를 뒤덮었다.

2 왼쪽 글에서 지하 깊숙한 곳에서 생겨난 뜨거운 마그마가 지각의 약한 틈을 뚫고 지표 위로 분출하여 만들어진 것을 무엇이라고 하는지 찾아 쓰시오.

3 화산 활동이 일어나면 화산에서 나온 화산 분출물이 사람의 재산을 파괴하고 생명을 앗아가기도 한다. 또한, 화산재가 햇빛을 가려 동식물에 피해를 주기도 한다. 하지만 화산 활동이 꼭 나쁜 영향만 주는 것은 아니다. 화산의 좋은 점을 서술하시오.

핵심이론

▶ 화산재: 화산에서 분출된 용암 부스러기 중 크기가 2 mm보다 작은 알갱이

33 북극에서 발견된 낙타 화석

오늘날의 낙타보다 몸집이 훨씬 큰 약 350만 년 전의 거대한 낙타 화석이 북극 지역에서 발견되었다. 과학자들은 캐나다 북단의 엘스미어 섬에서 발견된 30개의 다리 뼛 조각들을 토대로 이 낙타의 몸 크기를 추정했는데 발에서 어깨까지 높이가 약 2.7 m이고, 오늘날의 낙타보다 몸집이 약 30 % 큰 것으로 추정했다. 연구진은 고대 낙타가 몸집은 컸지만 생김새는 후손과 비슷했던 것으로 보이며, 다만 추운 환경에서 견디기 위해 북실북실한 털을 갖고 있었을 것이라고 추측했다. 이 고대 낙타들이 살았던 플라이오세(약 530만~180만 년 전) 중기의 지구의 기온은 오늘날보다 2~3 ℃ 높았고, 엘스미어 섬은 지금보다 기온이 20 ℃나 높은 수림 지대였다. 하지만 연구진은 낙타들이 겨울철 추위를 이기기 위해 큰 몸집을 갖게 된 것으로 보인다고 밝혔다.

고대 낙타들은 기온이 영하로 내려가고 어둠이 몇 달씩 계속되는 기나긴 겨울을 지내야 했을 것이며 어둠 속에서 눈 폭풍을 맞기도 했을 것이다. 또한, 고대 낙타의 큰 몸집은 체온 조절과 장거리 이동에 유리했을 것이다. 지방을 저장하는 낙타의 혹은 6개월씩 지속되는 북극의 겨울철에 필요한 양분을 공급했을 것이며, 이들의 큰 눈은 희미한 불빛 속에서 사물을 쉽게 분간할 수 있게 했으며, 크고 넓적한 발바닥은 사막과 마찬가지로 눈 위에서 걷는 데도 유용했을 것이다.

1   북극에서 발견된 낙타 화석에 대한 설명으로 옳지 <u>않은</u> 것은?

   ① 과거 북극은 현재 기온보다 더 높았다.

   ② 넓적한 발바닥은 눈 위를 걷는 데 유용했다.

   ③ 추위를 이기기 위해 점점 작은 몸집을 갖게 되었다.

   ④ 낙타의 혹에서 겨울철에 필요한 양분을 공급받았다.

   ⑤ 북극에서 발견된 낙타의 몸은 현재보다 약 30 % 크다.

2   왼쪽 글에서 지질 시대에 살았던 생물의 사체나 흔적으로, 그 시대의 생물체 구조나 환경 등을 연구하는 데 사용되는 것을 무엇이라고 하는지 찾아 쓰시오.

3   다음은 과거에 살았던 물고기가 화석으로 남은 것이다. 화석이 되기 위해서는 특정한 조건을 갖추어야 한다. 생물이 화석이 되는 데 필요한 조건을 두 가지 서술하시오.

핵심이론

▶ 화석: 지질 시대에 살았던 생물의 사체나 배설물, 발자국 등의 흔적이 남아 있는 것

34 지구 최고 기온, 최저 기온

지구상에서 기록된 최저 기온와 최고 기온은 몇 도일까? 최저 기온 기록은 1983년 7월 21일 남극의 과학 기지인 보스토크 기지에서 온도계로 관측한 영하 89.2 ℃이다. 당시 해당 지역의 평균 온도는 영하 55.4 ℃였다. 실제로 영하 90 ℃에 가까운 기온에선 사람의 눈과 코는 물론 폐까지 단 몇 분 만에 얼어붙는다. 또, 영하 60 ℃가 되면 일반 섬유 물질은 얼어붙어서 부스러진다. 지역별 최저 기온을 보면 북미에서는 캐나다 유콘주 스내그가 1947년에 영하 63 ℃를, 남미에서는 아르헨티나 사르미엔토가 1907년에 영하 32.8 ℃를 기록했다. 또, 유럽은 러시아 슈고르가 1978년에 영하 58.1 ℃, 아시아에서는 러시아 베르호얀스크에서 1892년에 영하 67.8 ℃가 관측됐다. 반대로 현재 공식적인 지구 최고 기온 기록은 1913년 7월 10일 미국 캘리포니아주 데스 밸리의 퍼니스 크릭에서 관측한 56.7 ℃이다. 지역별로는 남미에선 아르헨티나 리바다비아에서 48.9 ℃(1905년), 유럽에선 그리스 아테네에서 48 ℃(1977년), 아시아에선 이스라엘 티라트 츠비에서 54 ℃(1942년), 아프리카에선 튀니지 케빌리에서 55 ℃(1931년)가 기록됐다.

이렇게 지역마다 기온이 다른 이유는 무엇일까? 그 이유는 지구가 둥근 모양이어서 지역마다 햇빛이 비치는 각도가 다르기 때문이다. 해가 높이 떠 있는 곳은 햇빛을 많이 받아 따뜻하지만, 해가 낮게 떠 있는 곳은 햇빛을 많이 받지 못해 춥다.

1 왼쪽 글의 내용에 대한 설명으로 옳은 것은?

① 최저 온도와 최고 온도 차이는 134.3℃이다.

② 지역별로 보면 유럽이 북미보다 온도가 낮다.

③ 가장 더운 곳은 아프리카의 튀니지 케빌리이다.

④ 영하 30℃ 되면 일반 섬유 물질은 얼어붙어서 부스러진다.

⑤ 가장 추운 곳으로 인정된 곳은 남극 대륙에 있는 보스토크 기지 인근이다.

2 왼쪽의 그림은 백엽상을 그린 것이다. 다음의 백엽상의 모습과 이에 대한 설명을 읽고, 빈칸에 들어갈 알맞은 말을 쓰시오.

> **설명**
>
> 백엽상은 사방의 벽을 창살로 만들어 직사광선을 직접 받지 않으며 눈이나 비도 들어가지 않고 바람이 잘 통하게 한다. 백엽상은 내부의 기상상태를 관측 지점의 기상상태와 동일한 조건이 되게 하여 (   )을 측정하기 위한 것이다.

3 남극과 북극은 춥고 아프리카와 적도 지역은 따뜻한 이유를 추리하여 서술하시오.

핵심이론

▶ 기온: 공기 온도를 기온이라고 하며 기온은 여러 조건에 따라 달라질 수 있기 때문에 장소와 함께 나타낸다.

35 구름씨를 뿌리면?

중국은 인공강우 기술이 세계적으로 앞선 나라 중 하나로 평가받고 있다. 인공강우는 구름 층이 형성되어 있는 대기 중에 항공기나 지상 장비를 이용하여 '구름씨(CloudSeed)'를 뿌려 특정 지역에 비가 내리게 하는 기술이다. 촉매제인 구름씨에 구름 속에 있던 수증기나 미세 얼음이 달라붙어 크기가 커지면 빗방울로 떨어지는 것이 인공강우의 원리이다. 따라서 구름이 없는 날에는 구름씨를 뿌려도 비가 내리지 않는다. 중국은 지난 1958년부터 인 공강우 연구를 시작했고, 실제로도 인공강우 기술을 많이 활용하는 것으로 알려져 있다. 지난 2008년 베이징 올림픽 개막식 날, 맑은 날씨를 유지하기 위해 인공강우 기술을 활용한 것이 대표적인 예로, 개막식 전에 미리 비를 내리게 촉진하여 비구름이 사라지도록 한 것이다. 또한, 지난 2018년 내몽골 산불 때에도 인공강우 비행기를 보내 산불 진화에 인공 강우 기술을 활용한 적이 있다.

인공강우 기술은 가뭄에 대한 대처, 미세먼지 감소, 화재진압 등 강우가 필요한 곳에 포괄적으로 사용된다. 우리나라도 미세먼지 저감기술 확보를 위해 인공강우에 대한 지속적인 연구를 하고 있다.

1 **인공강우에 대한 설명으로 옳지 <u>않은</u> 것은?**

① 인공강우는 필요할 때 언제든지 내리게 할 수 있다.

② 구름층이 형성되어 있는 대기 중에 구름씨를 뿌린다.

③ 구름씨를 뿌릴 때는 항공기나 지상 장비를 이용한다.

④ 맑은 날씨를 유지하기 위해 인공강우 기술을 활용할 수 있다.

⑤ 수증기나 작은 얼음이 구름씨에 달라붙어 크기가 커져 빗방울이 된다.

2 **왼쪽 글에서 인공강우에 사용하는 촉매제를 무엇이라고 하는지 찾아 쓰시오.**

3 **인공강우 기술을 무분별하게 사용했을 때 일어날 수 있는 문제점을 서술하시오.**

핵심이론

▶ 구름씨: 구름 속에 작은 얼음 알갱이의 역할을 하는 드라이아이스 가루나 아이오딘화 은과 같은 물질로, 구름씨를 중심으로 구름 속의 작은 물방울이 모이게 되어 알갱이가 점점 커지고 무거워져 비나 눈이 내리게 된다.

36 거대한 협곡, 그랜드캐니언

미국 남서부의 '그랜드캐니언'은 콜로라도강에 의해 오랜 시간 지반이 깎여 나가서 형성된 거대한 협곡이다. 협곡이란 좁고 깊은 골짜기라는 뜻이다. 콜로라도강은 서쪽으로 446 km 길이의 계곡을 따라 흘러 미드호로 들어가는데 이 일대가 그랜드캐니언이다. 계곡의 깊이는 최대 1,829 m, 폭은 최대 29 km에 이른다. 그랜드캐니언 국립공원에 따르면 약 7천만 년 전~3천만 년 전 지각 변동에 의해 이 지역 땅이 융기하면서 평평한 콜로라도 고원이 형성되었다고 한다. 이후 콜로라도강이 지반을 깎아 내려가기 시작하면서 지금의 그랜드캐니언이 되었다. 그랜드캐니언처럼 양측이 수직 절벽인 협곡이 형성되려면 강물이 엄청난 속도로 많은 양의 암석 조각을 운반해야 한다. 현재도 콜로라도강은 아주 서서히 땅을 깎으면서 협곡을 확장하고 있다.

그랜드캐니언 수직 절벽의 퇴적층 줄무늬는 기울어지거나 끊겨 있지 않고 수평을 이루고 있는데, 이것에서 지질학적 역사를 시간순으로 볼 수 있다. 따라서 지질학, 고생물학, 고고학에 이르기까지 많은 과학자들의 연구 대상이 되고 있으며, 현재까지 발견된 척추동물 화석 가운데 가장 오래된 화석이 발견되기도 했다. 또한, 콜로라도 고원이 융기한 약 7천만 년 전은 육지 공룡이 멸종하기 5백만 년 전으로 어쩌면 공룡이 이 지역을 돌아다녔을 가능성도 있다.

1 그랜드캐니언에 대한 설명으로 옳지 <u>않은</u> 것은?

① 콜로라도 고원은 약 7천만 년 전에 융기했다.

② 절벽에서 수평을 이루는 줄무늬를 볼 수 있다.

③ 계곡의 최대 깊이는 약 1,800 m를 넘지 않는다.

④ 콜로라도강에 의해 땅이 깎여 나가서 형성되었다.

⑤ 협곡이 생성되려면 강물이 많은 양의 암석 조각을 운반해야 한다.

2 다음 설명에서 빈칸에 들어갈 알맞은 말을 왼쪽 글에서 찾아 쓰시오.

> **설명**
>
> 그랜드캐니언과 같은 협곡은 흐르는 강물에 의해 만들어졌다. 이와 같은 현상을 물에 의한 (   ) 작용이라고 한다.

3 오른쪽 그림은 알파벳 U자 모양의 골짜기인 U자곡을 나타낸 것이다. U자곡을 볼 수 있는 지역은 과거 모두 얼음이나 빙하로 덮여 있던 지역이다. 이와 같은 지형이 어떻게 만들어졌을지 추리하여 서술하시오.

U자곡

핵심이론

▶ 침식: 지표의 바위나 돌, 흙 등이 흐르는 물, 바람, 얼음 등에 의해 깎여 나가는 것
▶ 융기: 자연적인 원인에 의해 어떤 지역의 땅덩어리가 주변보다 상대적으로 상승하는 것

37 쓰나미 쓰레기, 어디까지 가니?

2011년 3월 11일 일본 관측 사상 최대 규모의 대지진인 동일본대지진이 발생했다. 강진 발생 이후 초대형 쓰나미로 인해 많은 양의 생활 쓰레기가 바다에 흘러들어갔다. 최고 높이 38 m에 달하는 쓰나미가 일본 동부 해안가 마을을 덮치면서 수많은 물건과 목재, 건축 잔해, 각종 쓰레기를 바다로 쓸어간 것이다. 이 쓰레기 더미는 바닷물을 따라 일본 해안에서 점점 멀어지고, 미국 태평양 연안으로 표류했다. 바닷물은 염분과 온도의 차이, 그리고 바람에 따라 움직이는데, 이를 해류라고 한다. 해류에 의해 바다에 표류하던 쓰레기도 함께 움직인 것이다. 미국 하와이 북동쪽 태평양 바다는 바람이 거의 생기지 않아 무풍지대로 불린다. 이 지역은 해류의 흐름이 사라지거나 매우 느려져 바다로 떠밀려온 쓰레기들이 쌓이는 곳이다. 따라서 해류를 따라 이동하던 쓰나미 쓰레기 중 일부는 북태평양 해류 소용돌이에 갇혀 정체해 거대한 쓰레기 섬을 이루고, 일부는 다시 이동했다. 그리고 2년 후인 2013년, 태평양을 횡단한 쓰레기 더미는 미국 서부 해안에 이르렀다. 당시 언론의 보도에 따르면 쓰레기 더미는 미국 텍사스주만한 크기로 무게는 최소 100톤에 이를 것이라고 추정했다. 결국 북태평양 전역이 쓰나미 쓰레기의 피해를 입게 된 것이다.

1 쓰나미 쓰레기에 대한 설명으로 옳지 <u>않은</u> 것은?

    ① 쓰나미 쓰레기는 바닷물을 따라 이동했다.

    ② 동일본대지진으로 인해 초대형 쓰나미가 발생했다.

    ③ 바다로 흘러들어간 쓰나미 쓰레기는 바로 수거되었다.

    ④ 일본에서 생긴 쓰나미 쓰레기가 태평양을 건너 미국에 도착했다.

    ⑤ 쓰나미가 일본 해안 마을을 덮쳐 많은 쓰레기가 바다에 흘러들어갔다.

2 왼쪽 글에서 쓰레기 더미를 일본에서 미국 서부 해안까지 이동시킨 바닷물의 흐름을 무엇이라고 하는지 찾아 쓰시오.

3 바다로 흘러들어간 쓰레기는 시간이 지나면 잘게 부서져 바다 생태계와 사람들을 위협한다. 쓰레기들이 바다 생태계와 사람들에게 미치는 영향을 추리하여 서술하시오.

핵심이론

▶ 쓰나미: 지진 때문에 바닷물이 크게 일어서 육지로 넘쳐 들어오는 현상으로 지진해일이라고 한다.
▶ 쓰레기 섬: 북태평양 바다 위에 있는 거대한 쓰레기 더미로 이루어진 섬이다. 이곳은 전세계 바다에 버려진 쓰레기들이 모이는 지역으로, 대부분 비닐과 플라스틱류로 이루어져 있다.

38 분쟁광물, 쓰는 것이 옳은가?

탄탈럼(Tantalum)이라는 광물은 전자제품에 필수적인 재료로 사용되며, 합금을 만드는 데 사용된다. 합금은 강하고 녹는점이 높아 항공 산업에서 발전기 터빈 등에 사용되고, 내부식성이 탁월하여 화학 공업용 장치와 실험 도구에도 사용되며, 생체 적합성이 우수하여 수술 도구, 인공뼈와 치아 임플란트용 나사 등을 만드는 데 사용된다. 아프리카에 있는 콩고민주공화국에서는 탄탈럼과 같은 광물이 무장 단체 운영을 위한 자금으로 사용되거나 채굴 과정에서 사람들에게 강제 노동을 강요함으로써 심각한 인권 침해를 유발하고 있다. 따라서 콩고민주공화국 또는 인근 국가에서 무장 단체들에 의해서 채굴되고 밀거래되는 탄탈럼, 주석, 텅스텐, 금은 분쟁광물로 간주된다. 탄탈럼이 휴대폰의 주요 부품 원료로 쓰이면서 값이 20배나 뛰자, 일확천금을 꿈꾸는 사람들이 탄탈럼 광산으로 몰려들었다. 광산이 위치한 콩고의 '카후지−비에가 국립공원'은 크게 훼손되었고, 국립공원 안에 있는 고릴라 서식지가 파괴되었다. 이렇듯 분쟁광물에 대한 관심이 높아지고 있지만 아직까지 분쟁광물에 대해 모르는 사람들이 많다. 국제사회에서는 이 문제를 해결하기 위해 노력하고 있으며 유럽연합(EU)에서는 규제 법안을 만들기도 했다.

1 분쟁광물에 대한 설명으로 옳지 <u>않은</u> 것은?

① 텅스텐, 금, 주석, 탄탈럼 등은 분쟁 광물이다.

② 분쟁광물로 인해 고릴라의 서식지가 파괴되었다.

③ 탄탈럼은 수술 도구, 인공 뼈 등을 만드는 데 사용된다.

④ 분쟁광물을 채굴하는 과정에서 인권 침해가 일어나기도 한다.

⑤ 분쟁광물을 팔아 생긴 수익금으로 경제가 활성화되는 장점도 있다.

2 왼쪽 글에서 전자제품의 필수적인 재료로 휴대폰의 주요 부품의 원료로 사용되는 광물의
이름을 찾아 쓰시오.

3 분쟁광물의 사용에 대한 자신의 의견과 그 이유를 서술하시오.

핵심이론

▶ 광물: 암석을 구성하는 작은 알갱이이다. 광물은 독특한 성질을 가지고 있어서 쪼개짐, 단단한 정
도, 색깔 등으로 구별할 수 있다.

39 인류 최초의
화성 이주 계획

전세계적으로 큰 화제를 모았던 인류 최초의 화성 이주 계획 '마스원(Mars One)' 프로젝트, 이 프로젝트는 지난 2013년 처음 시작되었다. 대대적으로 화성에 정착해서 살 후보자를 모집했고, 전세계에서 총 20만 2,586명의 지원자를 받아 2015년 2월 100명을 선발했으며, 선발된 사람들은 여러 가지 훈련을 받은 후 화성에 보낼 계획이었다. 화성에 보낸 착륙선은 화성 도착 후 주거지의 일부가 되고, 생존에 필요한 물은 화성의 토양에서 추출하며, 추출한 물에서 수소와 산소를 만들 계획이었다. 그러나 참가자들이 다시 지구로 돌아오지 못한다는 사실이 알려지면서 윤리적으로 큰 논란이 일었다. 또한, 과학적으로나 의학적으로 과연 참가자의 안전을 지키면서 프로젝트를 성공할 수 있을지에 대한 의문이 생겼다. 특히 장기간의 우주여행으로 인한 건강 문제, 우주 방사선으로 인해 생기는 암 발병 확률 증가와 DNA 파괴, 시력 감퇴, 골격계 손실 등 다양한 위험을 어떻게 극복해야 할지 여러 가지 문제점이 있었다. 결국 마스원 프로젝트는 2020년 중반 자금난을 해결해줄 새로운 투자자의 지원을 받지 못해 허무하게 막을 내렸다.

1 마스원 프로젝트에 대한 설명으로 옳지 <u>않은</u> 것은?

① 인류가 화성에 정착하려고 한 계획이다.

② 화성 표면에 물이 흘러 물을 쉽게 구할 수 있다.

③ 후보자 모집에 20만 명 이상의 사람들이 지원했다.

④ 착륙선은 화성 도착 후 주거지의 일부가 될 것이다.

⑤ 화성에서는 방사선 노출에 의해 암 발병 확률이 커진다.

2 다음 설명에서 빈칸에 들어갈 공통된 말을 왼쪽 글에서 찾아 쓰시오.

> **설명**
>
> (　　　)은 태양에서 네 번째로 떨어져 있는 행성으로 크기가 지구보다 작으며 행성 표면이 붉은색을 띠는 사막으로 되어 있고 태양계에서 가장 큰 화산을 가진 행성이다. 인류는 마스원 프로젝트 통해 지구를 떠나 (　　　)으로 이주하려고 했다.

3 자신을 포함하여 총 4명의 사람이 있다. 자신이 화성 이주 계획의 책임자라면 각자 사람들에게 어떤 일을 맡게 할지 서술하시오.

핵심이론

▶ 화성: 태양에서 넷째로 가까운 행성

45억 년 후, 은하 충돌?

안드로메다 은하(M31)와 삼각형자리 은하(M33)는 우리 은하와 같은 국부 은하군에 속해 있어 이웃 은하로 불린다. 국부 은하군은 우리 은하를 포함해 약 30여 개의 은하가 모여있는 은하의 집단이다. 천문학자들은 M31과 M33은 우리 은하에서 각각 250만 광년과 300만 광년 떨어져 있어 서로 영향을 주고받을 수 있는 거리에 있다고 보고 있다. 특히 천문학계는 지난 2012년 허블 우주망원경을 이용해, M31이 초당 약 109 km의 빠른 속도로 우리 은하로 곧장 향하고 있으며 약 39억 년 후에는 정면 충돌할 것으로 예측했다. 그러나 유럽우주국(ESA)이 2013년 가이아 위성을 발사하면서 기존의 은하 충돌에 대한 예측을 더 정확하게 수정할 수 있게 됐다. 2013년 12월 발사된 가이아 위성은 우리 은하에 속한 별 약 13억 개의 위치와 속도, 밝기 등을 관찰해 우리 은하의 3차원 지도를 완성했다. 이 위성이 보낸 관측 자료를 분석한 결과 M31은 우리 은하로 곧장 향하는 것이 아니라 구불구불한 형태로 움직인다는 것이 밝혀졌다. 속도도 초당 32 km로 예상보다 느렸다. 연구를 진행한 과학자는 45억 년 후에 M31과 우리 은하는 약 40만 광년의 거리를 두고 비껴가듯이 충돌할 것으로 보이며, 결국에는 타원 은하로 합쳐질 가능성이 크다고 설명했다.

1 우리 은하와 안드로메다 은하 충돌에 대한 설명으로 옳지 <u>않은</u> 것은?

① 우리 은하를 향해 안드로메다 은하가 직진하고 있다.

② 안드로메다 은하는 우리 은하에서 250만 광년 떨어져 있다.

③ 현재는 45억 년 후에 두 은하가 비껴가듯이 충돌할 것으로 예측하고 있다.

④ 우리 은하와 안드로메다 은하가 충돌하면 두 은하가 합쳐질 가능성이 크다.

⑤ 2012년에는 우리 은하와 안드로메다 은하의 충돌을 39억 년 후로 예측했다.

2 왼쪽 글에서 우리 은하와 안드로메다 은하가 충돌할 것이라는 사실을 최초로 밝혀낸 망원경과 현재의 충돌 시기를 예측한 위성의 이름을 각각 찾아 쓰시오.

3 지구의 대기권 밖에 있는 허블 우주망원경은 지구에 있는 어떤 망원경보다 정밀하게 측정할 수 있다. 하지만 망원경의 성능이나 크기는 지구에 있는 망원경보다는 작다. 우주에 있는 망원경이 지구에 있는 망원경보다 성능과 크기는 작지만, 더 잘 관측할 수 있는 이유를 추리하여 서술하시오.

핵심이론

▶ 우리 은하: 우리가 살고 있는 태양계가 포함되어 있는 은하

안쌤의
STEAM
+ 창의사고력
과학 100제

V

융합

41 치아 건강을 지켜라!

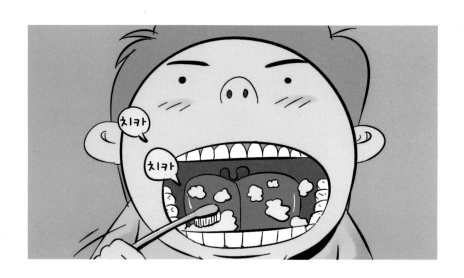

성장 중인 어린이의 이는 어른보다 쉽게 충치가 생긴다. 질병관리청에서는 지난 2000년부터 3년마다 만 5세와 만 12세의 어린이의 '구강 건강 실태'를 조사한다. 만 5세는 영구치가 나기 전 유치의 건강 상태를, 만 12세는 영구치의 건강 상태를 조사할 수 있다. 이 조사에서는 구강 건강 수준을 나타내는 충치의 개수나 충치를 치료한 치아의 개수, 잇몸 건강 상태 등을 파악하고, 치과 이용 경험, 칫솔질, 구강 관리 용품 사용 등 구강 관리 행태를 조사한다. 최근 조사에 따르면 1인 평균 충치의 개수는 만 5세가 3.41개, 만 12세가 1.94개로 최근 10년간 충치가 있는 어린이의 비율이 감소하는 추세로 조사되었다. 하지만 충치를 치료한 영구치의 개수는 평균 2.36개로, 증가하는 추세로 조사되었다. 또한, 만 12세의 점심 식사 이후 칫솔질 실천율이 이전 조사에 비해 감소한 것으로 나타났고, 과자, 사탕, 캐러멜, 아이스크림, 빵, 케이크, 말린 과일 등의 충치를 유발하는 간식 섭취율은 소폭 증가하는 추세로 나타났다.

질병관리청에서는 전체적으로 어린이의 구강 건강 수준은 큰 변화가 없지만 구강 건강 관리 행태는 악화됐다고 분석했으며, 평생 건강한 치아를 유지할 수 있도록 구강 건강 관리 행태와 식습관 개선이 필요하다고 말했다. 충치를 예방하기 위해 음식을 먹은 후에는 이를 닦는 것이 가장 좋고, 어렵다면 물로라도 헹구는 것이 좋다.

1 왼쪽 글을 읽고 알 수 있는 사실이 <u>아닌</u> 것은?

① 충치의 개수는 구강 건강 수준을 나타낸다.

② 최근 10년간 충치가 있는 아동의 비율이 감소했다.

③ 최근 충치를 치료한 영구치의 개수는 증가하는 추세이다.

④ 최근 아동의 구강 건강 관리 행태가 좋아진 것으로 분석되었다.

⑤ 충치를 예방하기 위해서는 음식을 먹은 후에 이를 닦는 것이 좋다.

2 치아가 건강하지 못하면 어떤 점이 불편한지 쓰시오.

3 건강한 치아를 위한 생활 습관을 세 가지 서술하시오.

핵심이론

▶ 치아: 척추동물의 입안에 있으며 무엇을 물거나 음식물을 씹는 역할을 하는 기관

42 몸에 해로운 납

납은 사람들이 가장 먼저 사용한 금속 중 하나이다. 납은 무르고 가공하기가 쉬워서 그릇, 물감, 화장품 재료 등으로 다양하게 사용되었고, 철과는 달리 물에 닿아도 녹슬지 않아 로마 시대에 정교한 수도관을 만드는 데 많이 사용되었다.

이렇게 쓸모 있는 금속으로 알려졌던 납은 고대인들을 죽음에 이르게 한 원인이었다. 고대 로마인의 시신을 조사해 보면 납이 많이 검출된다. 로마 시대에 납으로 연결된 수도관을 통해 나온 물을 섭취하며 납이 아주 조금씩 몸 안에 쌓이게 된 것이다. 또한, 납 가루는 부드럽고 입자가 고와 표면에 잘 달라붙으므로 피부색을 뽀얗게 만들어주는 분가루에 많이 사용되었고, 페인트에도 사용되었다. 심지어 로마인들은 포도주가 시큼해졌을 때에 납을 넣고 끓여 신맛을 없애기도 했다고 한다. 납은 중금속이기 때문에 실제로 흡수되는 양은 소량일지라도 몸 밖으로 배출되지 않는다. 따라서 시간이 흐르면서 몸속에서 점점 쌓여 신경과 근육을 마비시키고 서서히 죽게 만든다. 특히 신경계에 큰 영향을 주기 때문에 두뇌가 한창 발달할 시기인 어린이와 청소년들에게 큰 문제가 될 수 있다.

1 납에 대한 설명으로 옳지 <u>않은</u> 것은?

① 물러서 가공하기 쉽다.

② 물에 닿아도 녹슬지 않는다.

③ 그릇, 물감, 화장품의 재료로 사용되었다.

④ 몸속에 쌓이면 몸 밖으로 잘 빠져나가지 않는다.

⑤ 몸속에 쌓이지만 사람의 몸에 나쁜 영향을 미치지 않는다.

2 왼쪽 글에서 한 번에 흡수되는 양이 소량인 납이 몸에 좋지 않은 영향을 주는 이유를 찾아 쓰시오.

3 납이 주로 화장품이나 페인트, 물감의 재료로 사용된 이유를 납의 성질과 연관 지어 서술하시오.

핵심이론

▶ 중금속: 납, 수은, 카드뮴, 주석, 아연, 니켈 등 무거운 금속 원소

봄철 식중독, 식품 보관 주의!

식약처가 국내 식중독 환자 발생 현황을 분석한 결과에 따르면, 4~6월에 식중독 환자가 집중적으로 발생했다. 봄철에 식중독 환자가 주로 발생하는 이유는 낮에는 따뜻하지만, 아침·저녁은 쌀쌀하므로 음식물 보관에 주의를 기울이지 않았기 때문이다. 식중독을 예방하려면 음식을 준비하는 과정에서부터 보관, 운반, 섭취까지 주의를 기울여야 한다. 음식을 준비할 때는 조리 전후에는 반드시 손을 씻고, 과일과 채소류는 흐르는 물로 깨끗하게 씻어야 한다. 또한, 음식을 조리할 때는 중심부까지 완전히 익히고, 되도록이면 1회 식사량만큼만 준비한다. 만약 준비한 음식으로 도시락을 싼다면 밥과 반찬을 충분히 식힌 후 별도 용기에 따로 담는 게 좋고, 아이스박스 등을 이용해 가능한 10 ℃ 이하에서 보관하며, 실온에 2시간 이상 방치하지 않도록 한다. 또, 준비한 도시락은 가급적 빨리 먹고 안전성이 확인되지 않는 약수나 샘물 등은 함부로 마시지 않는 게 좋다.

1 식중독을 예방하기 위한 방법이 <u>아닌</u> 것은?

① 음식을 준비할 때 손을 깨끗이 씻는다.

② 음식을 실온에 2시간 이상 방치하지 않는다.

③ 과일과 채소는 흐르는 물로 깨끗하게 씻는다.

④ 조리한 음식은 충분히 식힌 후 용기에 담는다.

⑤ 아이스박스에 보관한 음식은 2~3일 지난 후에 먹어도 괜찮다.

2 왼쪽 글에서 봄철 식중독이 주로 발생하는 원인을 찾아 쓰시오.

3 봄 날씨의 특징을 세 가지 서술하시오.

핵심이론

▶ 봄: 겨울과 여름 사이의 계절로 1년을 사계절로 나눌 때 첫 번째 계절이다.

44 가을의 시작, 점점 늦어지는 이유

보통 9월이 되면 아침·저녁으로 선선한 바람이 불어서 가을이 다가온 것을 느낄 수 있다. 하지만 낮에는 여전히 더워 늦여름이라고 생각하는 사람들도 있다. 그렇다면 가을의 시작일은 언제일까? 계절을 기준으로 본다면 9월 1일일 수도 있고, 천문학적인 기준으로 본다면 추분인 9월 22일이라고도 할 수 있다. 한편, 기후학적인 가을의 시작일은 하루 평균 기온이 20 ℃ 미만으로 떨어진 후 다시 올라가지 않는 첫날을 의미한다. 따라서 기후학적인 가을의 시작일은 정해진 날짜가 있는 것이 아니라 기온 관측 결과를 통해서만 알 수 있다. 기상청에서는 "서울의 가을 시작일은 1970년대는 9월 18일이었지만, 1980년대는 9월 21일, 1990년대는 9월 22일 등 점차 늦어져 2000년대에 들어서는 9월 26일, 2011년부터 최근 10년 사이에는 29일로 늦어졌다."라고 밝혔다. 가을이 늦게 시작하는 만큼 여름이 길어지고 있으며, 서울의 9월 평균 기온도 꾸준히 상승하고 있다.

이처럼 서울의 가을 시작일이 늦어지는 이유는 산업화와 도시화로 대기 중에 온실효과를 일으키는 이산화 탄소와 수증기가 많아졌기 때문이다. 대기 속 수증기가 뿜어내는 열 때문에 밤에도 기온이 쉽게 떨어지지 않아 최저 기온 또한 오르고 있다.

1 왼쪽 글을 읽고 알 수 있는 사실이 <u>아닌</u> 것은?

① 1970년대 가을 시작일은 9월 18일이었다.

② 2010년대 가을 시작일은 9월 29일이었다.

③ 지난 40년간 서울의 평균 기온이 약 2 ℃ 올랐다.

④ 지난 40년간 서울의 가을 시작일이 점점 늦어졌다.

⑤ 대기 중의 이산화 탄소와 수증기량이 많아져 기온이 점점 높아졌다.

2 왼쪽 글에서 기후학적으로 가을의 시작일을 정하는 기준을 찾아 쓰시오.

3 가을 시작일이 점차 늦어지는 것은 온실효과로 인한 지구온난화 때문이라고 한다. 지구
온난화가 진행되었을 때 나타나는 문제점을 서술하시오.

핵심이론

▶ **온실효과:** 대기 중 온실가스의 농도가 증가하여 지구 표면 온도가 점차 상승하는 현상

45 남극 대륙의 빙저호

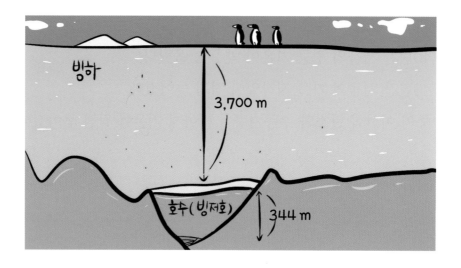

연평균 기온 영하 55 ℃, 최저 영하 98.6 ℃를 기록한 지구상에서 가장 추운 곳, 눈보라 외엔 아무것도 볼 수 없는 눈밭에 러시아의 남극 과학 기지인 보스토크 기지가 있다. 보스토크 기지 아래로 3,700 m 두께의 빙하 맨 밑에는 얼지 않은 민물로 채워진 남극 최대 빙저호인 '보스토크 호수'가 있다. 보스토크 호수의 면적은 우리나라의 수도권의 면적보다 넓은 1만 5,690 km²에 이르고, 평균 수심도 344 m에 달한다. 남극 대륙 빙하 아래에는 이런 빙저호가 400여 개에 있는 것으로 알려져 있다. 아주 두꺼운 빙하 아래에 얼지 않은 호수가 어떻게 숨어 있을까? 지열 때문에 빙하가 녹아서 호수가 생겼을 수도 있고, 화산 활동으로 마그마가 올라와 빙하를 녹였을 수도 있다. 또한, 빙하가 움직이면서 바닥의 토양하고 마찰이 일어나게 되면서 빙하를 녹이기도 한다.

이렇게 생겨난 물이 얼지 않고 호수를 이루는 이유는 압력 때문이다. 물의 어는점은 압력이 높을수록 낮아지므로 압력이 높은 곳에서는 물이 잘 얼지 않는다. 남극 대륙의 두꺼운 얼음이 엄청난 압력으로 위에서 누르고 있어 빙하 아래에 얼지 않은 호수가 있는 것이다. 보스토크 호수는 1970년대 러시아에서 빙하 시추를 시작한 이후 1996년에 발견되었다. 지난 2013년에는 미국에서 세계 최초로 윌란스 빙저호의 물과 바닥 침전토 채취에 성공하여 빙저호에 미생물이 존재하는 것을 확인하기도 했다.

1　남극 대륙에 대한 설명으로 옳지 <u>않은</u> 것은?

①　대부분이 얼음과 눈으로 덮여 있다.

②　남극 대륙의 얼음 밑에는 얼지 않는 호수가 있다.

③　남극 대륙은 지구상에서 가장 추운 곳으로 알려져 있다.

④　남극 대륙의 얼지 않는 호수에서는 생명체가 살 수 없다.

⑤　보스토크 호수의 면적은 우리나라 수도권의 면적보다 넓다.

2　왼쪽 글에서 빙하 밑에 있는 얼지 않는 호수를 무엇이라고 하는지 찾아 쓰시오.

3　차가운 빙하 밑에 빙저호가 있을 수 있는 이유를 서술하시오.

핵심이론

▶ 어는점: 액체가 얼기 시작하는 온도로 물의 어는점은 0 ℃이다.

▶ 시추: 지하자원을 탐사하거나 지층의 구조나 상태를 조사하기 위해 땅속 깊이 구멍을 파는 일

46 바퀴의 발명

바퀴는 인류의 발명품 중에서 중요한 것 중 하나로 손꼽히며 여러 용도로 사용되고 있다. 자동차, 자전거 등 탈것뿐만 아니라 짐을 옮기는 수레에도 바퀴가 있다.

만약 바퀴를 발명하지 못했다면 어땠을까? 바퀴가 등장하기 전에는 짐을 운반하기 위한 도구로 나무토막을 널빤지처럼 만든 나무 썰매를 사용했다. 그러나 나무 썰매는 널빤지와 땅이 닿는 면적이 커서 이동시키기 힘들었기 때문에 인간은 지혜를 발휘하여 나무 썰매 밑에 굴림대를 받쳐 나무 썰매를 굴리기 시작했다. 이집트 문명의 상징이라 할 수 있는 피라미드는 굴림대를 이용하여 무거운 대리석들을 옮겨서 만든 대표적인 것이다. 굴림대를 이용하던 사람들은 여러 개의 굴림대보다 둥그렇고 커다란 바퀴 하나가 더 효율적이라는 생각을 하게 되었다. 통나무를 잘라 만든 간단한 원판 형태의 바퀴는 기원전 5천 년경부터 사용했다고 알려졌으며, 바퀴 두 개를 가운데에 구멍을 뚫어 축에 끼운 후 나무 썰매 아래에 붙인 수레를 만들어 사용하기도 했다.

바퀴는 땅과 닿는 면에서 물체의 운동을 방해하는 마찰력을 최대한 줄일 수 있기 때문에 나무 썰매나 굴림대를 이용하는 것보다 물건을 나르기 훨씬 쉽다.

1 바퀴가 이용되는 경우가 <u>아닌</u> 것은?

① 자동차   ② 자전거   ③ 휠체어

④ 노트북   ⑤ 손수레

2 왼쪽 글에서 면과 면이 접촉하는 곳에서 물체의 운동을 방해하는 힘을 무엇이라고 하는지 찾아 쓰시오.

3 무거운 물건을 실은 수레가 잘 움직이는 이유를 바퀴와 연관 지어 설명하시오.

핵심이론

▶ 바퀴: 회전을 목적으로 축에 장치한 둥근 테 모양의 물체

47 쇼트트랙, 승부의 열쇠는?

겨울 스포츠 종목 중의 하나인 쇼트트랙! 쇼트트랙은 스케이트를 신고 얼음판에서 누가 빨리 완주하는가를 겨루는 경기로, 우리나라 선수들은 쇼트트랙 종목에서 강세를 보인다. 쇼트트랙 경기장은 길이가 122.12 m인 경주로 가운데 48 %에 해당하는 53.1 m가 곡선 구간으로 되어 있는데, 이 곡선 구간을 도는 코너링이 쇼트트랙의 승부의 열쇠라고 한다. 선수들은 직선 구간을 달리다가 곡선 구간으로 코너링을 하면 몸을 쓰러질 듯 트랙 안쪽으로 완전히 기울이는 것을 볼 수 있다. 선수들은 속도가 빠를수록, 곡선이 심할수록 몸을 안쪽으로 더 눕힌다. 이것은 원심력 때문에 몸이 밖으로 튕겨져 나가는 것을 막기 위함이다. 원심력이란 원을 그리며 운동하는 물체가 원 밖으로 나가려는 힘이다. 쇼트트랙 선수들이 코너링을 할 때 트랙 안쪽으로 몸을 최대한 눕히면, 원심력과는 반대인 원 중심 방향으로 구심력이 작용하기 때문에 곡선 구간을 안전하게 돌 수 있다. 이때 몸만 기울이면 중심을 잡지 못해 넘어질 수 있으므로 대부분의 선수들은 넘어지는 것을 방지하기 위해 빙판에 손을 짚고 돈다.

1 왼쪽 글을 읽고 알 수 있는 사실이 <u>아닌</u> 것은?

① 원심력과 구심력의 크기는 서로 같다.

② 원심력과 구심력의 방향은 서로 같다.

③ 원심력은 원의 바깥 방향으로 작용한다.

④ 구심력은 원의 중심 방향으로 작용한다.

⑤ 원심력과 구심력은 원운동하는 물체에 작용하는 힘이다.

2 다음은 쇼트트랙 선수들이 코너링을 할 때 몸을 기울이는 이유에 대한 설명이다. 왼쪽 글에서 ㉠과 ㉡에 들어갈 알맞은 말을 찾아 쓰시오.

> **설명**
>
> 쇼트트랙 선수들이 곡선 구간에서 코너링을 하면 (㉠) 때문에 몸이 튕겨져 나가지 않게 하려고 몸을 안쪽으로 기울인다. 몸을 안쪽으로 기울이면 (㉠)의 반대 방향으로 (㉡)이 작용하므로 몸이 튕겨져 나가지 않는다.

3 우리 생활 속에서 원운동하는 것을 찾아 세 가지 쓰시오.

핵심이론

▶ 원운동: 물체가 움직이는 자취가 원 모양인 운동

48 맛있는 밥을 지으려면?

물이 끓는 온도는 섭씨 100 ℃이다. 대부분의 음식은 끓는 물에서 조리되므로 1기압, 100 ℃의 물에 일정한 시간 동안 넣어두면 익는다. 만약 120 ℃ 또는 그 이상의 온도에서 만들어진 음식이 있다면 어떨까? 더 빠른 시간에 음식을 잘 익힐 수 있을 것이다.

일반적으로 액체의 끓는점은 압력이 낮으면 낮아지고, 압력이 높으면 높아진다. 이런 점을 이용해 음식을 하는 솥 속의 수증기가 빠져나가지 못하도록 하여 솥 안의 압력을 높인 것이 압력 밥솥이다. 이렇게 하면 물의 끓는점이 100 ℃보다 높아져 100 ℃에서 잘 익지 않는 음식을 쉽게 익힐 수 있고, 같은 시간에 더 많은 열이 전달되므로 더 빨리 요리를 할 수 있다. 대부분의 압력 밥솥은 내부의 압력을 대기압보다 높은 1.2기압 정도로 높여 물이 약 120 ℃에서 끓게 한다. 즉, 높은 온도에서 쌀을 충분히 익히기 때문에 맛있는 밥이 만들어지는 것이다.

우리나라의 가마솥 또한 같은 원리로 전통 압력 밥솥이라고 할 수 있다. 가마솥은 솥뚜껑의 무게가 무거워 수증기가 잘 빠져나가지 못하기 때문에 내부 기압이 높아져 맛있는 밥이 만들어진다. 한편, 왜 높은 산에서는 음식을 조리하기 어려울까? 높은 산에서는 압력이 낮아 끓는점이 100 ℃보다 낮기 때문이다.

1 　물이 끓는 온도에 대한 설명으로 옳지 <u>않은</u> 것은?

　① 물이 끓기 시작하는 온도는 섭씨 100 ℃이다.

　② 압력 밥솥에서는 물이 100 ℃에서 끓기 시작한다.

　③ 물이 끓기 시작하는 온도는 압력에 따라 달라진다.

　④ 높은 산에서는 100 ℃보다 낮은 온도에서 물이 끓는다.

　⑤ 압력이 높아지면 물이 끓기 시작하는 온도가 높아진다.

2 　왼쪽 글에서 액체가 끓기 시작하는 온도를 무엇이라고 하는지 찾아 쓰시오.

3 　우리나라의 전통 가마솥의 솥뚜껑의 무게는 솥 전체 무게의 3분의 1이 될 정도로 무겁다
고 한다. 솥뚜껑의 무게가 무거워서 좋은 점을 서술하시오.

핵심이론

▶ 압력: 단위 넓이의 면에 작용하는 힘의 크기
▶ 기압: 어떤 높이에서 공기의 압력

49 북쪽을 보며 응가하는 강아지

독일 뒤스부르크 연구진은 2년간 37종의 개 70마리가 대변을 보는 모습을 분석하여 개는 평균적으로 머리를 북쪽으로, 꼬리를 남쪽으로 향한 채로 대변을 본다는 것을 알아냈다. 연구진은 "이것은 개에게 지구의 자기장(자석의 힘이 미치는 공간)을 감지하는 능력이 있다는 것을 보여주는 연구 결과이다."라고 설명했다.

우리가 살고 있는 지구는 커다란 자석과 같다. 자석 주위에는 자석의 힘이 미치는 공간인 자기장이 있으며 지구에도 자기장이 있다. 지구의 자기장은 나침반으로 확인할 수 있다.

자석의 성질을 가진 나침반의 바늘은 지구의 자기장을 감지해 항상 일정한 방향을 가리킨다. 지구는 자석처럼 N극과 S극이 있으며, 지구의 자기 북극은 S극, 지구의 자기 남극은 N극을 나타낸다. 따라서 나침반의 바늘의 N극은 항상 북쪽을 가리킨다. 자기 북극과 자기 남극은 지도에 있는 북극과 남극과는 다르며, 지구의 자기장은 매일 조금씩 변한다.

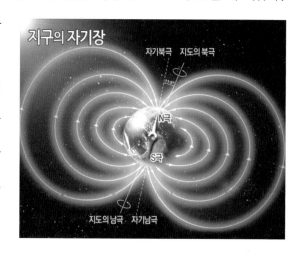

1 지구의 자기 북극과 자기 남극은 N극과 S극 중 어떤 극인지 바르게 연결하시오.

       자기 북극 ●   ● N극

       자기 남극 ●   ● S극

2 왼쪽 글에서 자석 주위에서 자석의 힘이 미치는 공간을 무엇이라고 하는지 찾아 쓰시오.

3 지구에 자석의 힘이 미치는 공간인 자기장이 있는 것을 확인할 수 있는 도구와 방법을 글이나 그림으로 나타내시오.

핵심이론

▶ 지구 자기: 지구가 가진 자석의 성질로, 지자기라고도 한다.

입체로 인쇄하는 3D 프린터

우리가 흔히 보는 프린터는 종이 위에 그림이나 글씨를 출력하는 2D 프린터이다. 그런데 3차원, 즉 입체로 물체를 인쇄해 내는 프린터가 있다. 바로 3D 프린터이다. 3D 프린터의 작동 원리는 크게 두 가지가 있다. 하나는 프린터가 지나가면서 액체나 가루 물질을 이용하여 엄청나게 얇은 막을 만들고, 이 막들을 계속 쌓아 올려 물체를 만드는 것이다. 이 방법을 쓰면 느리긴 하지만 정확하게 물체를 인쇄할 수 있다. 또 다른 방법은 큰 덩어리를 깎는 것이다. 이 방법은 비교적 빠르지만, 물체의 안쪽 같은 섬세한 부분은 인쇄하기 힘들다. 3D 프린터가 가장 유용하게 쓰이는 곳은 바로 의료 분야이다. 보통 뼈가 부러져 잘라낸 곳에 인공적으로 뼈랑 비슷한 모형물을 만들어서 박아 넣는다. 이때 그 모양이 완벽히 일치하지는 않으면 모형물을 뼈에 장착했을 때 굉장히 아프다고 한다. 하지만 3D 프린터가 있으면 잘라낸 뼈 부위의 모양과 정확히 일치하는 모형물을 만들 수 있기 때문에 치료 효과를 높일 수 있다.

1 3D 프린터에 대한 설명으로 옳지 <u>않은</u> 것은?

① 입체로 물체를 인쇄할 수 있다.

② 종이 위에 그림이나 글씨를 출력한다.

③ 덩어리를 깎아내는 방식으로 인쇄하기도 한다.

④ 얇은 막을 쌓아 올리는 것이 덩어리를 깎아내는 것보다 정교하다.

⑤ 액체나 가루 물질로 얇은 막을 만들고, 이 막들을 쌓아 올려 인쇄한다.

2 왼쪽 글에서 3D 프린터가 유용하게 쓰이고 있는 분야와 그 분야에서 어떻게 이용되고 있는지 찾아 쓰시오.

3 3D 프린터를 이용하여 출력하고 싶은 것을 쓰고, 출력한 물체의 용도나 이유 등을 함께 서술하시오.

핵심이론

▶ 2D: 2차원이라고도 하며, 종이와 같은 평면에 나타낼 수 있는 것을 말한다.
▶ 3D: 3차원이라고도 하며, 공간과 같이 입체적으로 나타낼 수 있는 것을 말한다.

안쌤의
STEAM
+ 창의사고력
과학 100제

영재성검사 창의적 문제해결력 평가

기출예상문제

영재성검사 창의적 문제해결력 평가
기출예상문제

1 규칙에 따라 체스 말을 놓는다고 할 때, 빈 곳에 알맞은 그림을 그려 넣으시오.

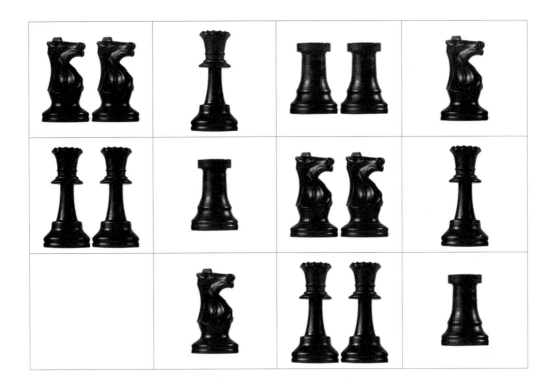

2 다음 배열된 수들의 규칙을 찾고, △와 □ 안에 들어갈 알맞은 수를 구하시오.

> 2, 4, 8, △, 22, 32, 44, □, …

규칙:

△:

□:

3 다음은 수달이가 새로 정한 연산기호 ◎의 연산 방법이다. 규칙을 찾아 9 ◎ 4의 값을 구하시오.

> 7 ◎ 1 = 0
> 7 ◎ 2 = 1
> 7 ◎ 3 = 1
> 7 ◎ 4 = 3
> 7 ◎ 5 = 2

4 수달이는 외출할 때마다 다른 색의 양말을 신는데, 수달이가 양말을 신는 방법은 다음과 같다.

> **방법**
>
> ① 양말을 신을 때에는 양말 줄의 가장 오른쪽에 있는 양말부터 신는다.
>
> ② 매일 신은 양말은 빨래를 하고, 빨래를 마친 양말은 양말 줄의 가장 왼쪽에 놓는다.

수요일 아침 양말을 신기 전 양말 줄은 다음 그림과 같다.

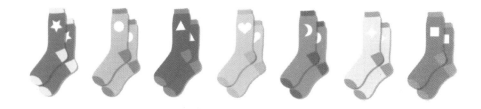

수달이는 이번 주 일요일, 다음 주 화요일, 다음 주 목요일에는 외출을 하지 않는다. 다음 주 토요일 외출할 때 신을 양말의 색깔과 양말에 그려진 모양은 무엇인지 쓰시오.

5 토끼 한 마리가 숲속을 돌아다니고 있다. 토끼는 알파벳 지시에 따라 작은 정사각형 한 칸씩 움직인다. 토끼가 아래 지도의 토끼 그림 위치에서 출발하여 다음의 〈알파벳 지시〉에 따라 움직였을 때 도착하는 위치에 ☆을 그려 넣으시오. (단, 알파벳의 이동 방향은 지도의 오른쪽에 그려져 있다.)

알파벳 지시

W　N　E　N　E　S

6 다음 동물들을 두 가지 분류 기준으로 두 무리로 분류하고, 표를 완성하시오.

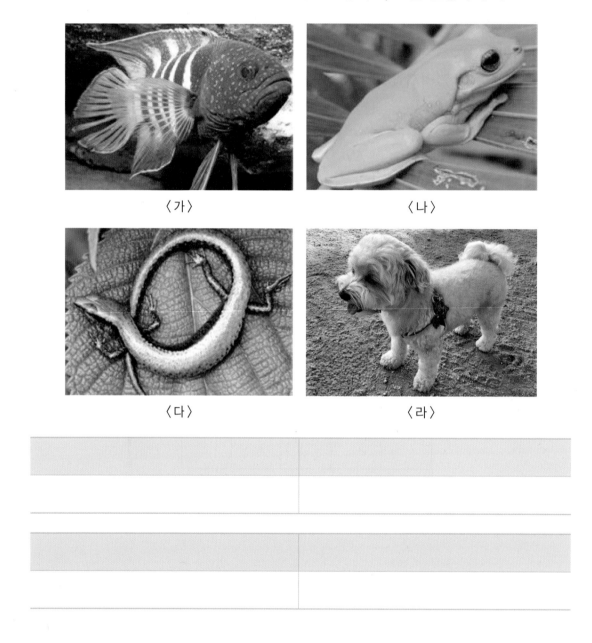

〈가〉

〈나〉

〈다〉

〈라〉

7 다음 두 도형의 크기를 비교할 수 있는 방법을 세 가지 서술하시오.

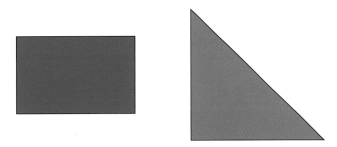

8 다음과 같이 지문 인식 도어락을 열 때나 스마트폰의 잠금을 해제할 때 우리는 지문 인식 기능을 이용한다. 우리 주위에서 지문 인식 기능을 이용한 경우를 세 가지 서술하시오.

▲ 지문 인식 도어락

▲ 스마트폰 잠금 해제

9 스테이플러와 집게는 용수철을 사용하여 만든다. 우리 주위에서 용수철을 사용하는 경우를 다섯 가지 쓰시오.

▲ 스테이플러   ▲ 집게

10 다음은 고무줄을 이용한 고무 동력 수레이다. 이 고무 동력 수레의 재료를 변경하여 더 멀리까지 움직이게 할 수 있는 방법을 두 가지 서술하시오.

11 다음과 같이 주어진 준비물(유리병, 물, 막대)을 이용하여 다양한 음을 낼 수 있는 악기를 만드는 방법과 소리를 내는 방법을 서술하시오.

12 액체 온도계는 온도가 높아지면 빨간색 액체 기둥이 위로 올라간다. 기체 온도계는 온도가 높아질 때 빨간색 액체 기둥이 어떻게 이동하는지 그 이유와 함께 서술하시오.

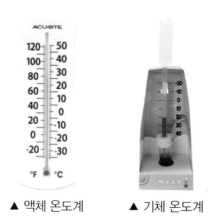

▲ 액체 온도계 　　　▲ 기체 온도계

13 스마트폰은 손가락으로 화면을 터치하여 사용할 수도 있고, 터치펜으로 화면을 터치하여 사용할 수도 있다. 우리 주변에서 스마트폰 화면을 터치할 수 있는 물체를 다섯 가지 쓰시오.

14 다음은 공기청정기에 사용되는 망사필터, 카본필터, 항균필터이다. 물음에 답하시오.

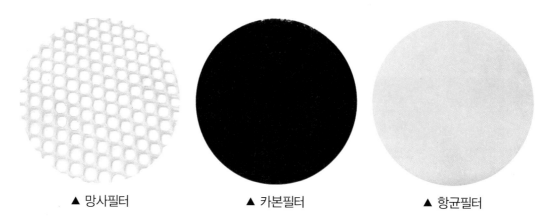

▲ 망사필터   ▲ 카본필터   ▲ 항균필터

(1) 공기청정기에서 공기가 필터를 통과하는 순서대로 나열하시오.

(2) 세 필터의 역할을 각각 서술하시오.

시대에듀가 준비한
특별한 학생을 위한
최상의 학습
시리즈

안쌤의 사고력 수학 퍼즐 시리즈

①
- 14가지 교구를 활용한 퍼즐 형태의 신개념 학습서
- 집중력, 두뇌 회전력, 수학 사고력 동시 향상

안쌤의 STEAM + 창의사고력
수학 100제, 과학 100제 시리즈

②
- 영재교육원 기출문제
- 창의사고력 실력다지기 100제
- 초등 1~6학년

안쌤과 함께하는
영재교육원 면접 특강

⑧
- 영재교육원 면접의 이해와 전략
- 각 분야별 면접 문항
- 영재교육 전문가들의 연습문제

스스로 평가하고 준비하는! 대학부설 · 교육청
영재교육원 봉투모의고사 시리즈

⑦
- 영재교육원 집중 대비 · 실전 모의고사 3회분
- 면접 가이드 수록
- 초등 3~6학년, 중등

초등 2학년

영재교육원 영재성검사, 창의적 문제해결력 평가 완벽 대비

안쌤의

STEAM
+ 창의사고력
과학 100제

정답 및 해설

시대에듀

이 책의 차례

정답 및 해설

에너지 정답 및 해설

01 접착제 없이 링 두 개를 붙이는 마술

정답

1 ②

2 자기화

3 쇠구슬, 트라이앵글, 자석, 가윗날, 클립

해설

1 마술사가 손에 자석을 쥔 채로 링을 들고 있어 링이 자석의 성질을 띠게 된다.

3 자석은 철로된 물체를 끌어당기는 성질을 지닌 물체이다. 또한, 자석은 같은 극끼리는 밀어내고, 다른 극끼리는 서로 끌어당기는 성질이 있다.

02 몸으로 표현한 감동의 그림자 댄스

정답

1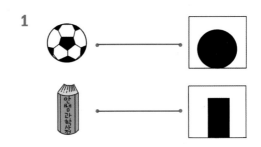

2 빛, 물체, 스크린(막)

3 크기가 큰 그림자는 빛과 사람 사이의 거리가 가깝고, 크기가 작은 그림자는 빛과 사람 사이의 거리가 멀다.

해설

3 물체와 광원 사이의 거리가 가까우면 큰 그림자가 생기고, 물체와 광원 사이의 거리가 멀면 작은 그림자가 생긴다. 광원은 스스로 빛을 내는 것으로, 광원에서 나온 빛이 직접 눈으로 들어오거나 광원에서 나온 빛이 물체에 반사되어 눈으로 들어와야 물체가 보인다.

03 우주에도 쓰레기가 있다고?

정답

1 우주 쓰레기

2 • 기존 인공위성들과 충돌 사고가 일어날 수 있다.
  • 새로운 인공위성을 쏘아 올릴 때 충돌 위험이 있다.
  • 파편들이 인공위성에 부딪힐 경우 다른 인공위성들이 위험할 수 있다.

3 • 총알이 크기가 작은데도 날아가는 빠르기가 커서 피해가 큰 것으로 보아 빠르기가 빠를수록 부딪쳤을 때 피해가 커진다.
  • 천천히 달리는 자동차에 부딪혀도 피해가 큰 것으로 보아 질량이 클수록 부딪쳤을 때 피해가 커지는 것을 알 수 있다.

🔍 해설

2 현재 세계 각국이 발사한 수 천 개의 인공위성이 정지 궤도(지상 36,000 km)와 저궤도(지상 600~2,000 km)에 몰려 있다. 그 이유는 이 두 궤도가 지구 관측에 특히 유용하기 때문인데, 이처럼 같은 궤도 안에 많은 인공위성들이 몰려 있다 보니 크고 작은 충돌이 생길 수밖에 없다. 충돌 시 생긴 파편 조각들은 고스란히 우주 쓰레기가 된다. 우주 쓰레기를 줄이기 위해서 수명이 다한 인공위성은 지구 안전한 곳으로 추락할 수 있도록 프로그래밍하거나 꼭 필요한 인공위성만 쏘아 올려야 한다. 또한, 여러 나라들이 인공위성을 함께 사용하는 것도 좋은 방법이 될 수 있다.

04 과학으로 풀어보는 축구

정답

1 증가

2

3 원형에 가까운 모양이다.

🔍 해설

2 보통 스피드가 실린 직선 운동이 중시되는 공격수는 스터드의 높이가 낮고 개수가 많은 축구화를 선호한다. 공격수를 막기 위해 순간적인 방향 전환이 잦은 수비수들은 스터드의 높이가 높은 축구화로 지면과의 마찰력을 크게 한다.

05 자전거, 알고 보면 과학적 원리가 가득!

정답

1 ㉠ 크 ㉡ 많 ㉢ 3 ㉣ 3

2 회전 관성

3 페달에 달린 기어(톱니바퀴)와 뒷바퀴를 연결하는 체인이 없기 때문이다.

해설

2 정지한 물체는 정지해 있으려고 하고, 움직이던 물체는 계속 움직이려고 하는 성질을 관성이라고 한다. 움직이는 자전거는 회전을 유지하려는 회전 관성 때문에 잘 쓰러지지 않는다.

06 LED(발광다이오드), 장식에서 조명으로

정답

1

서로 다른 특성을 가진 두 종류의 반도체를 연결한 후에 전류를 흘려주면 두 반도체의 전합 부위에서 빛이 나는 현상을 이용

전기 저항이 큰 필라멘트에 전류가 흐르면 필라멘트가 뜨겁게 가열되면서 밝은 빛을 내는 현상을 이용

2 백열전구는 수명이 짧고, 사용한 전기의 5 %만 빛에너지로 전환하기 때문에 효율이 낮다.

3 LED 신호등, LED 텔레비전(모니터), 휴대폰 등

해설

2 백열전구는 전기에너지 대부분을 열에너지로 손실하기 때문에 효율이 낮아 거의 사용을 하지 않는다.

07 휴대전화 전자파

정답

1 ④

2 어린이는 일반 성인보다 면역체계가 약해 전자파 흡수율이 높기 때문이다.

3 • 통화를 짧게 한다.
• 이어폰 마이크를 사용하여 통화한다.
• 잘 때에는 인체로부터 되도록 멀리 떨어뜨려 둔다.
• 얼굴에 대고 하는 통화보다 문자 메세지를 이용한다.
• 엘리베이터 등 밀폐된 장소에서는 사용을 자제한다.
• 통화할 때는 휴대전화를 얼굴에서 조금 멀리 해서 사용한다.
• 빠른 속도로 이동 중인 지하철, 버스 안에서는 사용을 자제한다.
• 상대방이 전화를 받기 전까지 휴대전화를 귀에서 멀리 떨어뜨린다.
• 통화 시간이 길어질 때는 얼굴의 오른쪽과 왼쪽을 번갈아 사용한다.

해설

1 밀폐된 공간에서 통화 중일 때 전자파가 가장 강하다.

3 휴대전화의 전자파는 우리 몸에 가까울수록 흡수되는 양이 많아지므로 휴대전화를 우리 몸에서 멀리 떨어지게 하는 습관을 기른다.

08 석유가 없다면?

정답

1 (다) → (나) → (가) → (라)

2

약 3만 5천 km 상공에 거대 태양 전지판을 설치하여 우주에서 24시간 햇빛을 모은다.	풍력저장 지하발전소
공기 중 산소로 배터리를 충전한다.	바이오 연료
석탄을 태울 때 나오는 이산화 탄소를 고체 상태인 금속산화물로 폐기한다.	친환경 화력발전소
물속에 사는 식물인 '조류'로 에너지를 많이 만들어낸다.	우주 태양광발전
바람을 지하 저장소에 압축시켜 놓았다 필요할 때 사용한다.	리튬에어 배터리

3 우주 태양광발전
우주 공간으로 태양 전지판을 띄워야 하므로 첨단 우주 기술까지 함께 발전해야 할 것이기 때문이다.

해설

1 원시시대에는 불을 이용한 에너지를 처음 사용했으며, 농경 생활을 하면서 가축을 이용한 에너지를 사용했다. 석탄, 석유 등의 화석에너지의 사용은 산업혁명을 이끌었고, 이후 전기에너지를 사용하게 되었다.

2 우주 태양광발전은 우주 공간에 태양 전지판을 설치해야 하므로, 항공 우주와 관련된 산업도 함께 발전해야 한다.

09 핵무기가 없는 세상 만들기

정답

1 ②

2 원자력 에너지란 핵분열이 연쇄적으로 일어나면서 생기는 막대한 에너지를 말한다.

3 • 긍정적인 면: 탄소 배출량이 적고, 연료 가격이 저렴하여 연료를 많이 비축할 수 있다. 또한, 대용량 발전이 가능하다.
　 • 부정적인 면: 방사성폐기물을 생산하며, 원전 사고의 경우 그 피해가 크기 때문에 충분히 주의를 기울여야 한다. 사고에 대한 사회적 불안감이 큰 편이며, 방사능에 오염될 수도 있다.

해설

1 핵 안보정상회의는 2016년 4차 회의를 끝으로 막을 내렸다. 이후 국제원자력기구에서 주관하는 '핵 안보 국제회의'를 통해 관련 논의가 이어지고 있다.

10 아바타 프로젝트

정답

1 ③

2 우리 생활을 편리하게 해 주는 첨단 기술을 연구하고 인터넷 등을 개발했다.

3 • 좋은 점: 사람의 신체 조건으로 하기에 어려운 모든 일을 로봇이 할 수 있다.
　 • 나쁜 점: 마음으로 해결해야 할 인간관계의 임무를 로봇에게 시킨다면 혼란스러워질 것이다.

해설

1 반려동물은 생명이 있는 생물이다.

2 로봇은 공장, 재해현장, 놀이공원, 병원 등 각 분야에서 이용된다. 2000년대 이후 공장은 로봇을 통해 제조업을 성장시켰다. 최근 로봇은 인간의 힘을 증강시키는 '증강형 인간(Augmented Human)'이 되도록 하는 데 큰 역할을 하고 있다. 대표적인 웨어러블 외골격 로봇은 사람의 허리나 팔, 다리 등에 로봇장치를 부착해 재활, 치료 등 의료 용도로 사용되거나 말 그대로 인간의 힘을 증강시키는 데 사용할 수 있다.

물질 정답 및 해설

11 매운맛의 비밀

정답

1 ③

2 캡사이신

3 • 빵을 먹는다.
  • 우유를 마신다.
  • 유제품을 먹는다.
  • 삶은 달걀을 먹는다.
  • 아이스크림을 먹는다.
  • 기름을 한 숟가락 먹는다.

해설

1 매운맛은 쓴맛, 신맛, 단맛, 짠맛 등과는 달리 통증을 느낄 정도의 자극성이 있는 맛이다. 우리의 몸 안으로 들어온 매운 음식은 몸 안의 장기에서 화학 반응을 일으키며 열을 내뿜는데 그로 인해 땀이 비 오듯 흐르고 입안은 불이 날 듯 얼얼해진다.

3 매운맛의 원인인 캡사이신은 물에는 잘 녹지 않지만 기름(지방)에는 잘 녹는 특성이 있다. 따라서 우유, 유제품, 아이스크림, 달걀, 빵(만들 때 우유, 달걀, 버터 등이 들어감) 등 기름(지방) 성분이 들어 있는 식품을 같이 먹으면 매운맛을 빨리 없앨 수 있다.

12 운동 후에 마시는 이온 음료

정답

1 ①

2 이온 음료

3 • 이온 음료에도 당분이 포함되어 있어 많이 마시면 비만의 원인이 될 수 있다.
  • 이온 음료 속에 들어 있는 짠맛을 내는 성분을 많이 먹으면 각종 질환이 발생할 수 있다.

해설

1 인체 내에 존재하는 나트륨, 칼슘, 인, 철, 황, 마그네슘, 칼륨, 염소 등의 무기질 영양소를 미네랄이라고 한다.

3 이온 음료 속에는 소금과 같은 짠맛을 내는 나트륨 성분이 들어 있다. 나트륨을 과다 섭취하게 되면 고혈압, 골다공증, 신장 및 심장질환, 비만, 위염, 위암 등을 발생시킬 수 있다. 달콤한 맛을 내는 당은 에너지원으로 우리 몸에 꼭 필요한 성분이지만 많이 섭취하게 되면 비만, 당뇨병, 고혈압 등의 원인이 될 수 있다.

13 악취 제거, 커피 찌꺼기로!

정답

1 ③

2 카페인

3 카페인에 포함된 질소가 식물 생장에 필요한 성분이기 때문이다.

해설

1 커피에 들어 있는 카페인에 함유된 질소가 탄소가 가진 냄새를 흡착하는 특성을 강화시키기 때문에 방향제로 사용된다. 또한, 고약한 냄새의 주범인 황화 수소 기체를 대량으로 흡수하므로 환경 친화적 필터로도 사용된다.

3 카페인은 비료의 중요 성분인 질소를 풍부하게 포함하고 있기 때문에 산성 토양을 좋아하는 식물 아래에 커피 찌꺼기를 놓아두면 커피 찌꺼기가 훌륭한 비료 역할을 하여 식물이 잘 자랄 수 있게 도와준다. 질소는 식물의 외형적 성장에 직접적으로 관계되며 질소가 부족하면 식물의 성장이 위축되고 잎의 색깔이 연해질 뿐만 아니라 꽃이 잘 피지 않거나 아주 작게 핀다. 반면, 질소가 과할 때는 식물이 보통 이상으로 많이 자라 연약해지고 얇은 잎만 비정상적으로 커진다.

14 약, 먹어도 안 낫는다?!

정답

1 ⑤

2 감기가 심각한 질병이 아니기 때문이다.

3 감기약에도 카페인이 들어 있기 때문에 커피, 녹차, 홍차 등과 함께 먹으면 너무 많은 양의 카페인을 섭취하게 되어 부작용을 일으킬 수 있다.

해설

1 감기는 매우 흔한 질병이지만 치료제가 없기 때문에 약을 먹는다고 바로 낫지 않는다. 감기약은 감기 증상을 완화하는 역할을 하는데, 각 증상에 따른 약마다 조금씩 부작용이 있으므로 증상에 알맞은 약을 먹어야 한다. 또한, 해열제나 소염제 등은 위에 부담을 줄 수 있으므로 식사하고 먹어야 하지만, 대부분의 감기약은 식사와 상관없이 먹어도 된다.

3 커피나 녹차, 홍차에는 카페인 성분이 많이 들어있다. 이 카페인이 우리 몸속에 들어가면 중추신경계를 자극해 우리 몸을 흥분시키는 작용을 한다. 따라서 이미 중추신경을 흥분시키는 약물을 복용 중일 때 카페인 음료까지 마시면 부작용의 위험이 커질 수 있다.

15 물을 뿌리면 불이 왜 꺼질까?

정답

1 ②

2 온도

3 • 물은 전기가 잘 통하기 때문에 전기로 발생한 불인 경우 물이 전기를 다른 곳으로 가져갈 수 있어 위험하다.
• 물은 기름과 잘 섞이지 않기 때문에 기름으로 발생한 불인 경우 불을 더욱 퍼지게 할 수 있어 위험하다.

해설

1 물은 연소의 세 가지 조건 중 탈 물질을 없앨 수는 없으나 산소를 차단하고, 탈 물질이 타지 못하게 온도를 낮춰준다. 찬물뿐만 아니라 뜨거운 물 역시 대부분의 경우 발화점보다 온도가 낮으므로 불을 끄는 효과가 있다. 물은 열을 잘 흡수하는 뛰어난 능력이 있어 젖은 물건에 불꽃을 갖다 대도 물이 열을 흡수하여 그 물질의 발화점에 도달하지 못하게 해 타지 않는다.

2 스프링클러는 비처럼 물을 흩뿌리기 때문에 물방울 사이사이에 공기(산소)가 들어갈 틈이 많다. 따라서 스프링클러를 이용하여 불을 끄는 방법은 온도를 낮추는 것이다.

3 물은 전기가 잘 통하고, 기름과 섞이지 않는다.

16 양초는 사라지는 걸까?

정답

1 ⑤

2 산소

3 심지는 녹은 액체 파라핀을 위로 끌어올려 공기 중의 산소와 만날 수 있게 해 준다.

해설

1 양초가 탈 때 다 타지 못한 탄소로 인해 그을음이 생긴다.

2 양초는 보통 파라핀으로 만드는데, 양초가 탈 때 파라핀의 성분 중 탄소는 산소와 반응하여 이산화 탄소가 되고 수소는 산소와 반응하여 물이 된다. 이때 불꽃 온도 때문에 이산화 탄소와 물은 기체 상태로 대기 중으로 날아가 보이지 않게 된다.

3 심지는 녹은 액체 파라핀을 위로 끌어올려 기체로 만들어 대기 중의 산소와 반응할 수 있게 해 준다. 양초가 타기 시작하면 충분한 열에너지에 의해 파라핀이 녹고, 이 파라핀을 기체로 만들어 불꽃을 유지하는 과정이 계속된다.

17 촛불, 다이아몬드를 만들다!

정답

1 ⑤

2 이산화 탄소로 변해 공기 중으로 날아가기 때문이다.

3 탄소 입자의 배열이 다르기 때문이다.

해설

1 불꽃은 물질이 아니라 어떤 물질이 공기 중의 산소와 만나면서 빛과 열을 내는 현상이다. 따라서 불꽃이 무엇으로 이루어져 있는지 알아내는 것은 쉽지 않다.

2 양초를 켜 놓으면 초당 150만 개에 달하는 다이아몬드 입자가 만들어지지만, 이산화 탄소로 변해 공중으로 날아가 버린다. 따라서 눈 깜짝할 사이에 사라진다.

3 양초가 연소할 때 발견되는 네 가지 탄소 입자는 그래파이트, 풀러렌, 뚜렷한 형체 없이 덩어리처럼 뭉쳐진 무정형 탄소, 다이몬드 입자이다. 이들은 모두 탄소로 이루어져 있지만 배열 상태가 달라 서로 다른 형태로 존재한다. 이처럼 같은 입자로 이루어져 있지만 배열 상태가 다른 것을 동소체라고 한다. 양초의 불꽃에서 발견된 탄소 동소체 외에도 흑연, 숯 등도 탄소로 이루어진 탄소 동소체이다.

18 가스가 새면 어떻게 해야 할까?

정답

1 ④

2 바닥에 쌓여 있는 가스를 빗자루로 쓸어내어 문밖으로 밀어낸다.

3 • 에어컨: 찬 공기는 아래로 내려가므로 위쪽에 설치한다.
   • 난로: 따뜻한 공기는 위로 올라가므로 아래쪽에 설치한다.

해설

1 LPG는 공기보다 무겁기 때문에 집 안의 유리창을 모두 열어 놓아도 유리창을 통해 밖으로 쉽게 빠져나가지 않는다.

2 도시가스는 LNG가 주로 쓰이는데, LNG는 주성분이 공기보다 가벼운 메테인 가스로 되어 있다. 따라서 가스가 새었다 하더라도 두 시간 정도 유리창을 열어 환기시키면 모두 밖으로 빠져나간다. 하지만 LPG는 공기보다 무겁기 때문에 가스가 새면 바닥에 쌓이므로 빗자루로 쓸어내어 문밖으로 밀어내야 한다.

3 뜨거운 물은 차가운 물보다 가벼워서 위쪽으로, 차가운 물은 뜨거운 물보다 무거워서 아래쪽으로 이동하므로 욕조 위쪽의 물이 뜨겁다. 공기도 마찬가지다. 찬 공기는 무거워 아래쪽으로 이동하므로 에어컨은 위쪽에 설치하고, 따뜻한 공기는 가벼워 위쪽으로 이동하므로 난로는 아래쪽에 설치하는 것이 좋다.

19 악어가 돌을 먹는 이유

정답

1 ①

2 돌덩이를 삼켜 몸을 무겁게 한다.

3 다이아몬드보다 밀도가 큰 액체를 구멍 속으로 부으면 다이아몬드가 액체 위로 떠오르므로 쉽게 다이아몬드를 꺼낼 수 있다.

해설

1 밀도는 물체의 질량과 부피와 관계된 값으로, 질량이 작아지고 부피가 커지면 밀도는 작아지고, 질량이 커지고 부피가 작아지면 밀도는 커진다. 물의 밀도보다 밀도가 큰 물체는 물속에 가라앉고 물의 밀도보다 밀도가 작은 물체는 물 위에 뜬다.

2 악어는 몸의 부피(크기)를 마음대로 줄일 수 없으므로 돌덩이를 삼켜 몸을 무겁게 해 밀도를 높인다.

3 구멍 속에 빠진 다이아몬드를 밀도 차를 이용해 꺼내려면 다이아몬드가 액체 위로 떠오르게 해야 한다. 그러려면 다이아몬드의 밀도보다 밀도가 큰 액체를 구멍 속으로 부으면 된다. 물의 밀도보다 밀도가 작은 스타이로폼이 물 위에 뜨는 것처럼 다이아몬드가 떠오를 것이다. 다이아몬드는 밀도가 $3.52\,g/cm^3$이고 수은은 상온에서 $13.6\,g/cm^3$이므로 수은을 부으면 된다. 물의 밀도는 $1\,g/cm^3$이므로 구멍 속으로 물을 부어서는 다이아몬드가 떠오르지 않는다.

20 추위를 이긴 매머드

정답

1 ⑤

2 기온이 낮아져도 혈액 속 헤모글로빈이 지속적으로 산소를 몸에 전달했다.

3 추위를 이겨내기 위해 많은 에너지를 소모했을 것이다. 따라서 에너지를 많이 만들기 위해 훨씬 많은 양의 먹이를 먹었을 것이다.

해설

1 코끼리와 사람은 따뜻한 온도에서만 혈액 속 헤모글로빈이 산소를 전달하지만, 매머드는 온도와 관계없이 기온이 낮아져도 헤모글로빈이 산소를 전달한다.

2 매머드는 영하의 기온에도 혈액이 얼지 않도록 유전적으로 진화한 덕분에 빙하기를 견딜 수 있었다. 즉, 매머드의 혈액에는 피를 얼지 않게 하는 성분이 있었다.

3 빙하기의 혹독한 추위에도 혈액이 얼지 않게 하려면 엄청난 에너지가 필요했을 것이다. 따라서 에너지를 만들기 위해 훨씬 많은 양의 먹이를 먹었을 것이다.

생명 정답 및 해설

21 키 쑥쑥, 몸 튼튼 '비타민 D'

정답

1 ②

2 구루병

3 야외 활동량 부족으로 햇빛을 많이 받지 못하여 비타민 D 수치가 낮을 것이다.

해설

1 비타민 D는 햇빛을 쬐면 피부에서 생성된다.

3 요즘 학생들은 과거에 비해 야외 활동 및 신체 활동량이 줄어들고 실내에서 책이나 컴퓨터를 하는 등의 활동량은 증가했다.

23 스마트폰이 병의 원인?

정답

1 ①, ③, ⑤

2 안구건조증

3 • 잠자리에서 스마트폰을 사용하지 않는다.
  • 걸어 다니면서 스마트폰을 사용하지 않는다.
  • 식사 시간이나 대화 중에 스마트폰을 사용하지 않는다.

해설

1 스마트폰은 사용으로 생활은 편리해졌지만, 의존도가 높아지거나 게임이나 SNS 중독 외에 일자목이나 안구건조증, 소음성 난청, 수면 장애, 등 여러 가지 문제가 발생하기도 한다.

23 체중 조절용 식품과 건강

정답

1 ②

2 열량이 지나치게 낮은 식품을 지속적으로 섭취하면 영양 불균형이 발생할 가능성이 있기 때문이다.

3 • 인스턴트식품을 자주 먹지 않는다.
　• 아침, 점심, 저녁을 규칙적으로 먹는다.
　• 여러 가지 영양소를 골고루 섭취할 수 있도록 편식하지 않는다.

해설

1 남자 어린이는 1,600~2,400 kcal, 여자 어린이는 1,500~2,000 kcal를 하루에 섭취해야 하므로 여자 어린이의 권장 섭취량이 남자 어린이의 권장 섭취량보다 적다.

2 체중 조절용 식품 광고를 보면 '밥 대신 이 식품을 먹으면 살이 빠진다'는 문구를 볼 수 있다. 하지만 이 식품만 먹으면 섭취해야 할 기준치보다 훨씬 낮은 열량을 섭취하게 되므로 건강에 이상이 온다. 특히 한창 성장해야 할 어린이들이 이러한 식품만 먹으면 필요한 영양소를 충분히 섭취하지 못해 성장에 나쁜 영향을 미칠 수 있다. 1일 권장 섭취량을 지키면서 열심히 운동하는 것이 건강한 다이어트 방법이라고 할 수 있다.

24 설탕보다 더 위험한 소금

정답

1 ②

2 나트륨

3 • 맵고 짠 찌개보다 맑은 국 위주로 먹는 것이 좋다.
　• 국물까지 모두 먹지 않고 건더기만 건져 먹는 것이 좋다.
　• 레몬즙과 같이 소금을 대체할 수 있는 다른 양념을 넣는다.
　• 소금마다 나트륨 함량이 다를 수 있기 때문에 나트륨이 덜 포함된 소금을 사용한다.

해설

1 어린이가 소금을 많이 섭취하면 고혈압 발생 위험이 커지고 짠맛에 대한 선호도가 일찍부터 생길 수 있다. 어릴 때부터 소금을 덜 섭취하면 자라서도 짠맛을 덜 원하게 된다.

2 나트륨은 소금에 포함된 형태로 우리 몸에 섭취되기 때문에 소금 섭취량을 줄이면 나트륨 섭취량을 줄일 수 있다. 소금 섭취량을 줄이기 위해서는 의식적으로 싱겁게 먹는 습관을 들여야 하고, 나트륨이 덜 들어 있는 과일과 채소를 많이 먹어야 한다.

25 한강의 녹조

정답

1 ④

2 수온이 높아지면 녹조류가 발생하기 좋은 환경이 되기 때문이다.

3 · 물을 세게 흐르게 한다.
 · 수차를 돌려서 물을 뒤섞는다.
 · 물 아래까지 공기를 넣어준다.

🔍 해설

1 물 표면에 녹조가 덮이면 물속으로 산소가 추가로 들어가지 않아 물속 산소량이 감소한다.

3 물의 흐름이 느려지면 발생한 녹조류가 다른 곳으로 이동하지 못하고 한곳에 쌓인다. 그래서 물속 산소가 부족하여 물고기가 폐사하는 등 다양한 문제가 발생한다. 이러한 녹조 현상이 발생하면 물을 세게 흐르게 하여 녹조 현상이 심각해지지 않도록 한다. 또한, 수차를 돌려 물을 뒤섞어주고, 물 아래까지 공기를 넣어줌으로써 녹조를 없애기도 한다. 이 중에서 가장 간단하면서도 안전한 방법은 물을 세게 흐르게 하는 것이다. 그러나 물에 한 번 유입된 영양염류를 제거하지 않으면 수중 생태계에 계속 남아 있으므로 녹조 현상이 되풀이된다.

25 외래종, 꽃매미!

정답

1 ④

2 지구온난화

3 천적 관계의 생물이 없어 빠르게 번식하기 때문에 토종 생태계가 균형을 잃게 된다.

🔍 해설

1 2010년과 2017~2018년 기록적인 한파로 인해 꽃매미 유충이 많이 얼어 죽어 개체수가 많이 감소했다. 따라서 꽃매미는 추운 지방에서는 잘 살 수 없음을 알 수 있다.

3 외래종의 개체수가 많아지면 외래종의 먹이가 되는 특정 생물의 개체수가 감소할 수 있다.

27 초파리는 어떻게 생겨날까?

정답

1 ⑤

2 • 초파리가 생기는 이유: 초파리가 바나나에 알을 낳으면 그 알이 부화하여 새로운 초파리가 생긴다.
  • 해당하는 설명: 생물속생설

3 • 같게 해야 할 조건: 병 속에 넣는 물질의 종류와 양, 병을 보관하는 장소 등
  • 다르게 해야 할 조건: 뚜껑의 유무

해설

1 초파리 알이 자라서 성충이 되기까지는 약 일주일 정도의 시간이 걸린다.

2 우리 눈에는 보이지 않지만 바나나에 이미 초파리의 알이 있는 경우도 있다.

3 뚜껑의 유무 외 다른 모든 조건은 같게 해야 병 속에서 발생한 구더기가 스스로 생겨난 것인지 아니면 다른 파리(어버이)에 의해 발생한 것인지 비교할 수 있다.

28 사람이 겨울잠을 잔다면?

정답

1 ④

2 개구리, 뱀, 거북, 박쥐, 곰 등

3 겨울잠을 자는 동안에는 신체 활동량 및 필요한 에너지양이 줄어들기 때문에 장거리 우주여행을 하는 데 도움이 될 것이다.

해설

1 겨울잠이란 비교적 먹이가 없는 겨울에 동물이 활동을 중단하고 땅속이나 동굴 등에서 겨울을 보내는 일로, 대체로 추운 지방에 사는 작은 생물들이 겨울잠을 잔다.

3 동물이 겨울잠을 자는 동안에는 신체 활동량이 줄어 물이나 음식을 매일 먹지 않아도 되고, 배설량도 줄어든다. 이러한 것을 이용해 장거리 우주여행 시 사람이 겨울잠을 자는 것과 같은 상태가 된다면 필요한 식량과 물의 양 및 우주선의 공간 등을 줄일 수 있을 것이다. 따라서 사람이 겨울잠을 자도록 마음대로 조절하는 스위치가 있다면 장거리 우주여행은 물론이고 장기이식, 다이어트, 수명 연장 등 다양한 분야에서 활용할 수 있을 것이라고 한다. 사람이 우주여행을 오래 할 수 없는 이유는 무중력 상태에 오래 있게 되면 근육 위축, 뼈엉성증(골다공증), 신경 교란 등 각종 이상 현상이 일어나기 때문이다. 이런 신체 이상 현상을 겨울잠이 막아준다는 것이다.

29 나를 찾아봐!

정답

1 ④

2 보호색

3 봄, 여름, 가을에는 주변 환경이 갈색이므로 털 색도 갈색이지만, 겨울에는 눈이 쌓여 주위가 하 얗게 되기 때문에 흰색 털로 털갈이를 한다.

해설

1 자벌레는 주변 나뭇가지의 색깔뿐만 아니라 모 양까지 비슷하게 바꾼다.

3 주변이 흰색인데 갈색 털을 갖고 있으면 포식 자에서 발견되어 잡아먹힐 수 있다. 토끼는 자 신을 천적으로부터 보호하기 위해서 겨울이 되 기 전에 털갈이를 해서 몸을 하얗게 만드는 것 이다.

30 새로운 특징을 가진 생물

정답

1 ②

2 유전자 조작

3 • 장점
  − 병충해 걱정 없이 키울 수 있다.
  − 대량 생산이 가능하여 식량난을 해소할 수 있다.
 • 단점
  − 유전자 조작으로 의도하지 않은 결과가 나 타날 수 있다.
  − 아직까지 인체에 어떤 영향을 미치는지에 대한 정확한 연구 결과가 없다.

해설

1 포메이토는 토마토와 감자를 합친 품종이다.

3 유전자 조작 식품(GMO)은 대량 생산이 가능 하고 병충해에 강한 식품으로 식량난을 해소할 수 있다. 하지만 아직 인체에 어떠한 영향을 미 치는지에 대한 정확한 연구 결과가 없다. 유전 자 조작 식품이 인체에 미치는 영향은 지속적 으로 관찰하여 연구해야 하는 과제이다.

IV 지구 정답 및 해설

31 황사의 습격

정답

1 ②

2 황사

3 • 사막 지역에 방풍림을 만든다.
  • 황사 발생 지역에 나무를 심어 숲을 만든다.

해설

1 황사는 수천 년 전부터 계속 발생한 자연 현상이다. 보통 황사 입자는 기관지와 같은 호흡 기관에서 대부분 걸러져 인체에는 큰 영향을 끼치지 않는다. 하지만 황사에 섞여서 함께 날아온 유해한 미세 중금속 가루는 호흡 기관에서 걸러지지 않고 우리 몸에 쌓이므로 여러 가지 질병을 일으킬 수 있다. 황사가 심할 때에는 일반 마스크가 아닌 분진 마스크를 착용하는 것이 효과적이다.

3 아직 황사의 근본적인 해결책은 없는 상태이다. 황사를 막기 위해 가장 많이 이용하는 방법은 방풍림 조성이다. 바람을 막아주는 방풍림을 2 m 높이로 조성할 경우 뒤쪽 20 m 이내의 황사를 완화시켜 준다.

32 폼페이 최후의 날

정답

1 ①

2 화산

3 • 관광지나 관광 상품으로 개발할 수 있다.
  • 땅속의 열을 이용해 지열 발전소를 세울 수 있다.
  • 마그마에 의해 지하수가 데워져 온천으로 이용할 수 있다.
  • 화산재는 천연 비료이므로 땅을 비옥하게 만들어 농사가 잘 된다.

해설

1 폼페이는 서기 79년 8월 24일 인근 베수비오 화산이 폭발하면서 나온 화산재에 의해 뒤덮인 고대 도시이다.

3 화산 근처의 온도가 높은 것을 이용하여 온천이나 지열 발전소를 세울 수 있고, 화산을 관광 상품으로 개발할 수 있다.

33 북극에서 발견된 낙타 화석

정답

1 ③

2 화석

3 • 생물의 수가 많아야 한다.
 • 생물의 몸에 단단한 부분이 있어야 한다.
 • 생물의 사체나 흔적이 없어지기 전에 빨리 묻혀야 한다.

해설

1 과거 낙타들은 몇 달씩 계속되는 기나긴 겨울을 지내야 했기 때문에 체온 조절과 장거리 이동이 쉬운 큰 몸집을 가졌었다.

3 화석으로 남기 위해서는 생물의 수가 많아야 유리하다. 화석이 되려면 여러 가지 조건이 맞아야 하는데 생물의 수가 많으면 그 조건에 맞는 생물이 생기기 쉽기 때문이다. 또한, 몸에 뼈나 껍데기와 같은 단단한 부분이 있어야 그 흔적이 유지되어 화석이 되기 쉽다.

34 지구 최고 기온, 최저 기온

정답

1 ⑤

2 기온

3 남극과 북극은 햇빛을 적게 받고 아프리카와 적도는 햇빛을 많이 받기 때문이다.

해설

1 지구의 최저 기온은 영하 89.2 ℃이고, 최고 기온 56.7 ℃로 온도 차이는 145.9 ℃이다. 유럽 최저 기온은 영하 58.1℃, 북미 최저 기온은 영하 63 ℃로 북미가 유럽보다 온도가 낮다. 가장 더운 곳은 미국 캘리포니아주 데스 밸리의 퍼니스 크릭이다. 또, 영하 60 ℃가 되면 일반 섬유 물질이 얼어붙어서 부스러진다.

3 지구는 둥글기 때문에 해가 비치는 각도에 따라 그 지역의 온도가 달라진다. 하루 동안 해가 이동하는 것에 따른 기온 변화를 보면, 아침에는 해가 비스듬히 떠 있어서 기온이 낮지만, 정오로 갈수록 해가 점점 높아지면서 기온이 올라간다. 지구도 마찬가지로 적도와 아프리카는 해가 높이 떠 있어 햇빛을 많이 받아 따뜻하지만, 남극과 북극은 항상 햇빛이 비스듬하게 들어오므로 햇빛을 많이 받지 못해서 춥다.

35 구름씨를 뿌리면?

정답

1 ①

2 구름씨

3 원래 비가 내려야 하는 지역에 비가 내리지 않아 가뭄이 올 수 있다.

해설

1 구름이 없는 날은 구름씨를 뿌려도 비가 만들어질 수증기와 얼음 결정체가 없어 비가 내리지 않는다.

3 인공적으로 비를 조절하면 다른 지역이 그 영향을 받기 때문에 인공강우는 일시적인 효과일 뿐 다른 환경 문제를 일으킬 수도 있다. 또한, 인공강우 조절에 실패하면 폭우가 쏟아져 물난리가 나거나 우박이 떨어지기도 하고, 번개가 그치지 않아 항공기가 연착되기도 한다.

36 거대한 협곡, 그랜드 캐니언

정답

1 ③

2 침식

3 빙하가 이동하면서 침식 작용을 일으켜 U자 모양의 골짜기가 되었다.

해설

1 그랜드캐니언의 최대 깊이는 1,829 m이다.

3 U자곡은 골짜기를 따라 빙하가 서서히 이동하면서 침식 작용을 일으켜 형성된 계곡이다. 강물에 의한 침식으로 만들어진 골짜기는 주로 V자 모양인데, 빙하에 의한 침식으로 생긴 골짜기는 주로 U자 모양이다. 이는 큰 얼음 덩어리인 빙하가 천천히 이동하면서 땅을 깎아내기 때문이다.

37 쓰나미 쓰레기, 어디까지 가니?

정답

1 ③

2 해류

3 • 쓰레기를 먹은 바다 생물을 사람들이 음식으로 먹을 수 있다.
  • 바다 생물이 쓰레기를 먹고 죽게 되면서 바다 속 생태계가 파괴될 수 있다.

해설

1 쓰나미 쓰레기는 해류를 따라 태평양에 모이고 미국까지 흘러갔다.

3 해양 생물이 잘게 부서진 플라스틱이나 비닐을 삼키게 되면 이를 소화하지 못하기 때문에 뱃속에 그대로 쌓여 결국 죽게 된다. 이 결과로 해양 생물의 수가 감소하게 되고 생태계가 파괴되고 바다 자원이 줄어들게 된다. 또, 바다에 떠다니는 미세한 플라스틱 물질에는 독성 물질이 있다. 해양 생물이 이것을 먹으면 독성 물질이 저장되고, 이 해양 생물을 먹은 사람들에게 전달되어 사람들도 위험해질 수 있다.

38 분쟁광물, 쓰는 것이 옳은가?

정답

1 ⑤

2 탄탈럼

3 분쟁광물을 대체할 광물을 찾아야 한다고 생각한다. 분쟁광물을 사용하면 범죄를 도와주는 것과 같으므로 더는 사용하지 않아야 한다.

해설

1 분쟁광물은 무장 단체들의 운영을 위한 자금으로 사용되고 있기 때문에 경제가 활성화되는 것에 도움이 되지 않는다.

3 분쟁광물 자체가 나쁜 것은 아니다. 분쟁광물을 채굴할 때 인권이 침해되고 무장 단체가 이를 팔아 수익을 내어 범죄 행위에 이용하기 때문에 문제가 되는 것이다. 또한, 무분별한 채굴로 인해 자연환경이 훼손되는 것도 문제가 되고 있다.

39 인류 최초의 화성 이주 계획

1 ②

2 화성

3 • 책임자(나): 여러 가지 문제를 해결하는 역할
  • 사람 1: 음식과 청소, 빨래를 하는 역할
  • 사람 2: 고장 난 시설물을 수리하는 역할
  • 사람 3: 아픈 사람을 치료하고 화성을 탐사하는 역할

해설

1 화성 표면에 물이 흐른 자국만 있을 뿐 흐르지는 않으므로 물은 화성의 토양에서 추출해야 한다. 추출한 물에서 수소와 산소도 만들 수 있다.

3 여러 가지 상황을 생각해 보고 각각에 맞는 역할을 정한다. 사람이 살아가는 데 기본적인 요소는 의식주이므로 이와 연관된 활동을 생각해 본다.

40 45억 년 후, 은하 충돌?

1 ①

2 • 망원경: 허블 우주망원경
  • 위성: 가이아 위성

3 천체를 관측할 때 대기(공기)에 의한 영향을 받지 않기 때문이다.

해설

1 가이아 위성의 관측 결과 안드로메다 은하가 우리 은하를 향해 구불구불하게 움직인다는 것이 밝혀졌다.

3 망원경은 구경(대물렌즈의 크기)이 클수록 빛을 모으는 능력이 좋으므로 좋은 망원경이다. 허블 우주망원경보다 지구에 있는 망원경의 구경이 훨씬 크지만, 허블 우주망원경으로 더 정밀한 관측을 할 수 있다. 그 이유는 우주에는 천체를 관측하는 데 장애물이 되는 대기가 없기 때문이다. 지구에서는 대기에 의해 모습이 흔들리거나 가로막혀 있기 때문에 일반 망원경으로 허블 우주망원경보다 정밀하게 측정할 수 없다. 또한, 지구에 있는 불빛 등에 의해 영향을 받기도 한다.

융합 정답 및 해설

41 치아 건강을 지켜라!

정답

1 ④

2 • 발음이 부정확하다.
  • 음식을 잘 씹지 못한다.
  • 다른 사람에게 좋지 않은 인상을 줄 수 있다.

3 • 탄산음료를 많이 마시지 않는다.
  • 올바른 칫솔질을 배워 양치질한다.
  • 치아를 강하게 하는 음식을 먹는다.
  • 6개월마다 치과에 가서 구강검진을 한다.
  • 음식을 먹은 후와 잠을 자기 전에는 반드시 양치질한다.

해설

1 만 12세의 점심 식사 이후 칫솔질 실천율은 이전 조사에 비해 감소했다.

2 음식을 먹는 것은 생명 유지에 필수적이다. 치아로 음식을 잘 씹으면 침이 나와 소화 흡수를 도와주고, 씹는 과정에서 비만 방지, 미각 발달, 전신 체력 향상 등의 기대 효과가 있다.

3 치아를 건강하게 유지하기 위해서는 평소에 충치나 치주 질환 등의 예방에 신경을 써야 한다. 튼튼한 치아를 만들기 위해서는 칼슘과 미네랄, 단백질, 비타민 등의 섭취가 필요하다.

42 몸에 해로운 납

정답

1 ⑤

2 몸 밖으로 잘 빠져나가지 않기 때문에 시간이 흐르면서 점점 쌓여서 납중독을 일으킨다.

3 납 가루는 부드럽고 입자가 고와 표면에 잘 달라붙기 때문이다.

해설

1 납과 같은 중금속은 체외로 배출되지 않아 몸속에 쌓이고, 이것은 신경과 근육을 마비시키고 서서히 죽게 만든다.

2 납은 주로 미세분진에 흡착되기 때문에 사람의 호흡기로 직접 노출된다. 또, 오염된 물을 마시거나 음식을 먹으면서 소화기를 통해 흡수될 수도 있다. 이렇게 몸속으로 들어온 납은 대부분이 뼈 속에 축적되었다가 아주 서서히 혈액으로 녹아 나온다. 몸에 납이 축적되면 빈혈, 신장 기능 및 생식 기능 장애 등의 심각한 중독 증상이 발생할 수 있다. 또한, 뇌에 축적되면 사지마비, 실명, 정신장애, 기억력 손상 등의 심각한 뇌질환을 일으키고 그중 25 %는 목숨을 잃을 수 있다.

3 납은 흡수력과 흡착력이 좋다.

43 봄철 식중독, 식품 보관 주의!

정답

1 ⑤

2 봄철에는 낮에는 따뜻하지만, 아침 · 저녁은 쌀쌀하므로 음식물 보관에 주의를 기울이지 않기 때문이다.

3 · 비가 내리기도 한다.
· 날씨가 점점 따뜻해진다.
· 하늘이 먼지로 흐려지는 경우가 있다.
· 날씨가 따뜻하지만, 갑자기 추워질 때가 있다.
· 낮에는 따뜻하지만, 아침 · 저녁으로 쌀쌀하다.

해설

1 준비한 도시락은 아이스박스 등을 이용하여 가능한 10 ℃ 이하에서 보관하고 가급적 빨리 섭취해야 한다.

2 음식물이 오랜 시간 외부 온도에 노출되면 식중독균이 빠르게 증식한다.

3 봄철에는 날씨가 따뜻하지만, 추위가 갑자기 찾아오는 경우가 있다. 이를 꽃 피는 봄을 시샘한다고 하여 꽃샘추위라고 한다.

44 가을의 시작, 점점 늦어지는 이유

정답

1 ③

2 하루 평균 기온이 20 ℃ 미만으로 떨어진 후 다시 올라가지 않는 첫날

3 · 폭염이 증가한다.
· 바닷물의 온도가 높아진다.
· 빙하가 녹고, 해수면이 높아진다.
· 집중호우나 대형 태풍이 발생한다.
· 기온이 높아져 기후 변화가 생긴다.
· 동식물이 살아왔던 생활 환경이 바뀌고, 생태계의 혼란이 온다.

해설

1 서울의 9월 평균 기온이 꾸준히 오른 것은 알 수 있으나, 약 2 ℃가 올랐는지는 정확하게 알 수 없다.

2 우리나라에서는 1일 8회(03시, 06시, 09시, 12시, 15시, 18시, 21시, 24시) 관측값의 평균을 그날의 하루 평균 기온으로 사용한다.

3 지구의 기온이 점점 높아지는 현상을 지구온난화라고 한다. 이산화 탄소와 같은 온실 기체가 많아지면 대기의 열이 우주 공간으로 빠져나가지 못해 지구의 평균 기온이 상승한다.

45 남극 대륙의 빙저호

정답

1 ④

2 빙저호

3 두꺼운 얼음이 위에서 누르면 압력이 높아져서 물의 어는점이 낮아지기 때문에 물이 쉽게 얼지 않는다.

해설

1 2013년 미국에서 빙저호의 물과 바닥 침전토를 채취하여 극한의 환경에서도 미생물이 존재하는 것을 발견했다.

3 일반적으로 물의 어는점은 0 ℃이지만, 어는점은 압력에 따라 변한다. 즉, 압력이 높아질수록 어는점은 낮아지고, 압력이 낮아질수록 어는점이 높아진다.

46 바퀴의 발명

정답

1 ④

2 마찰력

3 바퀴는 땅과 닿는 면적을 최소화시켜 마찰력을 줄일 수 있어 수레가 움직이기 쉽다.

해설

1 바퀴를 단 탈것은 기원전 4천 년경 메소포타미아, 중앙 유럽 지역 문명에서 발견될 정도로 역사가 오래되었다. 메소포타미아 우르 왕조 시대에 최초의 바퀴 형태를 한 이동 도구인 수레가 만들어졌다.

3 면과 면이 접촉하면 마찰력이 생긴다. 마찰력은 물체의 운동을 방해하는 힘이다. 닿는 면이 거칠고 넓을수록, 물체가 무거울수록 마찰력은 커진다. 바퀴를 사용하면 땅에 닿는 부분이 작아지고, 마찰력도 줄어든다. 자연히 무거운 짐을 실은 수레도 바퀴가 잘 굴러가므로 쉽게 움직일 수 있다.

47 쇼트트랙, 승부의 열쇠는?

정답

1 ②

2 ㉠ 원심력
  ㉡ 구심력

3 시계바늘, 바퀴, 세탁기, 회전목마, 믹서 등

해설

1 원심력과 구심력의 작용 방향은 서로 반대이며, 크기는 서로 같다.

48 맛있는 밥을 지으려면?

정답

1 ②

2 끓는점

3 솥뚜껑의 무게가 무거워 수증기가 잘 빠져나가지 못하기 때문에 내부 기압이 높아져 물의 끓는점이 높아진다.

해설

1 대부분의 압력 밥솥은 내부의 압력을 대기압보다 높은 1.2기압 정도로 높여 물이 약 120 ℃에서 끓게 한다.

3 가정용 압력 밥솥은 1679년 프랑스의 물리학자 드니 파팽이 발명한 증기 찜통을 개량한 것에서 시작되었다. 우리나라는 오래전부터 사용해 왔던 가마솥이 그 출발점이라고 할 수 있다. 전통 가마솥은 바닥의 중심부 두께가 가장자리보다 2배 두꺼워 열을 솥에 고르게 전달시킨다. 또, 솥뚜껑의 무게가 전체의 $\frac{1}{3}$이 될 정도로 무거워 공기나 수증기가 새어나가지 않게 한다.

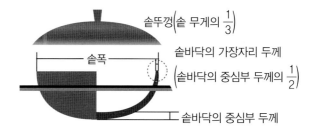

49 북쪽을 보며 응가하는 강아지

정답

1

자기 북극 ⤬ N극

자기 남극 ⤬ S극

2 자기장

3 • 도구: 나침반
• 방법: 나침반 바늘의 N극이 항상 북쪽을 가리키는 것을 보고 지구의 북극이 S극인 것을 알수 있다.

해설

1 지구의 자기 북극은 S극, 지구의 자기 남극은 N극을 나타내기 때문에 나침반 바늘의 N극은 항상 북쪽을, 나침반 바늘의 S극은 항상 남쪽을 가리킨다.

50 입체로 인쇄하는 3D 프린터

정답

1 ②

2 의료 분야, 뼈를 잘라 낸 부위에 뼈와 비슷한 모형물을 만들어 박아 넣어야 할 때, 잘라 낸 뼈의 크기와 같은 크기의 모형물을 만든다.

3 초콜릿, 초콜릿을 만들 때는 초콜릿을 녹인 후 모양 틀에 붓고 굳히는 과정을 거친다. 그러나 3D 프린터가 있으면 모양틀에 넣어 굳히는 과정을 생략하고 바로 원하는 모양을 만들 수 있을 것 같다.

해설

1 종이 위에 그림이나 글씨를 출력하는 것은 2D 프린터이다.

1

모범답안

🔍 **해설**

체스 말의 개수는 2, 1, 2, 1, …이 반복되고, 체스

말의 모양은 ♞, ♛, ♜의 3가지 모양이 반

복되는 규칙이다.

2

모범답안

규칙: 커지는 수가 2씩 커지는 규칙

△ 안에 들어갈 알맞은 수: 14

□ 안에 들어갈 알맞은 수: 58

🔍 **해설**

2, 4, 8, △, 22, 32, 44, □, …

$\quad$ 2 $\quad$ 4 $\quad$ 6 $\quad$ 8 $\quad$ 10 $\quad$ 12 $\quad$ 14

이므로

$\triangle = 8 + 6 = 14$

$\square = 44 + 14 = 58$

3

모범답안

1

🔍 **해설**

$7 \circledcirc 1 = 7 - 1 - 1 - 1 - 1 - 1 - 1 - 1 = 0$

$7 \circledcirc 2 = 7 - 2 - 2 - 2 = 1$

$7 \circledcirc 3 = 7 - 3 - 3 = 1$

$7 \circledcirc 4 = 7 - 4 = 3$

$7 \circledcirc 5 = 7 - 5 = 2$

즉, 연산 기호 $\circledcirc$의 연산 방법은 앞의 수에서 뒤의

수를 더 뺄 수 없을 때까지 빼고 남은 수를 쓰는

규칙이다.

$\therefore 9 \circledcirc 4 = 9 - 4 - 4 = 1$

4

모범답안

• 색: 빨간색

• 모양: 사각형

🔍 **해설**

이번 주 수요일부터 다음 주 토요일까지 외출을

하지 않는 날을 제외하면 8일을 외출한다. 따라서

배열된 양말의 가장 오른쪽부터 신으면 다음 주

토요일에 신을 양말은 8번째 양말인 빨간색 사각

형이다.

5

모범답안

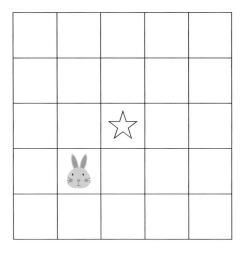

🔍 해설

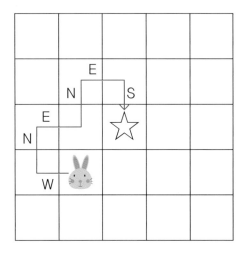

6

예시답안

털이 있는 것	털이 없는 것
라	가, 나, 다
다리가 있는 것	다리가 없는 것
나, 다, 라	가

7

예시답안

• 두 도형의 가로와 세로의 길이를 측정하여 넓이를 구해 두 도형의 크기를 비교한다.

• 일정한 크기를 가진 작은 도형으로 두 도형을 가득 채운 후, 작은 도형의 개수를 비교해 두 도형의 크기를 비교한다.

• 일정한 크기로 나누어진 모눈종이 위에 두 도형을 그린 후, 차지하는 칸의 개수를 비교해 도형의 크기를 비교한다.

• 두께가 일정한 종이 위에 문제에 제시된 도형을 그려 오려낸 다음, 어떤 것의 무게가 더 많이 나가는지 비교한다.

🔍 해설

직관력을 이용하여 두 도형의 넓이를 비교할 수 있는 방법을 찾아보도록 한다. 도형의 둘레의 길이는 도형의 넓이와 관계가 없다.

8

- 지문 인식 금고: 등록된 지문과 일치하면 금고가 열린다.
- 지문 인식 총: 등록된 지문과 일치하면 방아쇠가 당겨져 총알이 발사된다.
- 지문 인식 출퇴근 기록기: 지문 인식으로 직원들의 출퇴근 시간을 기록한다.
- 지문 인식 출석 체크: 학생들의 출결 및 시간을 지문으로 확인하고 기록한다.
- 스마트폰 뱅킹: 스마트폰 뱅킹으로 돈을 이체할 때 지문 인식으로 본인 확인을 한다.
- 공항 자동출입국 심사: 외국에서 국내로 입국할 때 지문과 안면을 인식하여 본인 확인을 한다.
- 지문 인식 자동차: 등록된 지문과 일치하면 자동차 문이 열리고 시동이 걸린다. 자동차 키를 들고 다닐 필요가 없다.
- 지문 인식기를 활용한 미아 찾기: 아이들의 지문을 등록하고 아이를 잃어버릴 경우에 지문을 이용하여 보호자를 찾는다.

9

전지끼우개, 키보드, 볼펜, 샤프, 침대 매트리스, 용수철저울

🔍 해설

용수철은 탄성이 있으므로 힘을 주어 모양을 변형시켜도 힘을 없애면 원래 모양으로 다시 되돌아온다. 만약 용수철이 사라진다면 한 번 사용했던 물체는 다시 원래 모양으로 되돌린 후 사용해야 하는 불편함이 생길 것이다.

- 전지끼우개: 용수철을 누르면서 전지끼우개에 전지를 넣은 후 손을 놓으면 용수철이 늘어나면서 전지를 고정한다.
- 키보드: 자판을 눌렀다 놓으면 눌러진 용수철이 다시 원래 상태로 돌아오면서 자판을 위로 올려주므로 반복적으로 자판을 누를 수 있다.
- 볼펜: 볼펜을 누르면 용수철이 눌리면서 볼펜심이 밖으로 나오고 다시 누르면 용수철이 원래 모양으로 되돌아가면서 볼펜 심이 안으로 들어간다.
- 샤프: 끝부분을 누르면 용수철이 눌리면서 샤프심을 앞으로 밀어주고 눌렀던 손을 놓으면 용수철이 원래 모양으로 되돌아오므로 계속 누를 수 있다.
- 침대 매트리스: 침대 매트리스에 많은 용수철이 있어서 매트리스 위에 누우면 몸의 모양에 맞게 용수철이 줄어들고 일어나면 다시 원래 모양으로 되돌아온다.
- 용수철저울: 물체를 매달면 물체의 무게만큼 용수철이 늘어나고, 늘어난 길이로 물체의 무게를 측정한다. 물체를 내려놓으면 늘어났던 용수철이 다시 원래 모양으로 되돌아오므로 눈금이 '0'을 가리킨다.

10

예시답안

- 수레를 가볍게 만든다.
- 탄성이 강한 고무줄을 사용한다.
- 길이가 긴 고무줄을 사용하여 많이 감는다.

🔍 해설

고무 동력 수레는 고무줄이 감겼다가 풀리는 힘으로 움직인다. 이때 수레를 가볍게 만들면 같은 힘으로도 수레를 빠르게 멀리까지 움직이게 할 수 있다. 또한, 탄성이 강한 고무줄을 사용하거나 길이가 긴 고무줄을 사용해서 많이 감으면 감겼다가 풀리는 탄성력이 커지므로 수레가 멀리까지 움직인다.

11

예시답안

- 여러 유리병에 물의 양을 다르게 채우고 입으로 분다.
- 여러 유리병에 물의 양을 다르게 채우고 막대로 두드린다.

🔍 해설

- 유리병에 물을 채우고 불면 병 안의 공기가 진동하여 소리가 나고, 물이 담긴 양에 따라 공기가 진동할 수 있는 길이가 달라지므로 다양한 음의 소리를 낼 수 있다. 물이 많이 담긴 유리병을 불면 팬파이프의 짧은 관처럼 공기의 떨리는 횟수가 많아 높은 소리가 나고, 물이 적게 담긴 유리병을 불면 팬파이프의 긴 관처럼 공기의 떨리는 횟수가 적어 낮은 소리가 난다.
- 유리병에 물을 채우고 막대로 두드리면 유리병과 물이 진동하여 소리가 난다. 물이 많이 담긴 유리병을 두드리면 유리병과 물의 떨리는 횟수가 적어 낮은 소리가 나고, 물이 적게 담긴 유리병을 두드리면 떨리는 횟수가 많아 높은 소리가 난다.

12

온도가 높아지면 기체의 부피가 커져 빨간색 액체 기둥을 아래로 밀어낸다. 따라서 온도가 높아지면 기체 온도계의 빨간색 액체 기둥은 아래로 내려간다.

🔍 해설

액체 온도계는 가는 진공 상태의 유리관에 온도에 따른 부피 변화가 큰 액체를 넣은 것으로, 온도가 높아지면 액체의 부피가 늘어나 액체 기둥이 위로 올라가므로 위로 갈수록 온도가 높다. 기체 온도계는 액체로 입구를 막아 밀폐된 공간 속에 있는 기체의 부피 변화를 이용한 것으로, 온도가 높아지면 기체의 부피가 커져 액체 기둥을 아래로 밀어내므로 아래로 갈수록 온도가 높다.

13

바나나, 오이, 소시지, 식물의 잎, 터치 장갑, 건전지, 알루미늄 포일, 은박지 등

🔍 해설

바나나와 같은 과일류, 오이와 같은 채소류, 소시지, 식물의 잎은 물을 포함하고 있으므로 정전식 스마트폰 화면을 터치할 수 있다. 터치 장갑은 전도성 실로 만들어졌고, 건전지와 알루미늄 포일, 은박지도 전도성 물질이므로 스마트폰 화면 터치가 가능하다.

14

(1) 망사필터, 카본필터, 항균필터
(2) • 망사필터: 큰 먼지를 걸러준다.
   • 카본필터: 냄새를 없애준다.
   • 항균필터: 아주 작은 먼지를 걸러주고, 세균이나 곰팡이의 번식을 억제한다.

🔍 해설

공기청정기로 들어온 오염된 공기는 제일 먼저 망사필터를 통과하여 굵은 먼지가 걸러진다. 그 다음, 카본필터는 활성탄 표면의 무수한 구멍으로 냄새나 색소 알갱이를 흡착하여 냄새나 색깔을 없앤다. 활성탄 표면의 구멍이 냄새나 색소 알갱이로 가득 차 더이상 흡착할 수 없으면 효과가 없으므로 카본필터를 일정한 주기로 교체 해야 한다. 마지막으로 항균필터를 통과하면서 아주 작은 먼지가 걸러진다. 항균필터는 항균 처리가 되어 있어 세균이나 곰팡이의 번식을 억제한다. 하지만 오래되면 필터에 쌓인 먼지가 곰팡이와 세균의 번식처가 될 수 있으므로 항균필터 역시 일정한 주기로 교체해야 한다.

시대에듀와 함께 꿈을 키워요!
www.sdedu.co.kr

안쌤의 STEAM + 창의사고력 과학 100제 초등 2학년

초판2쇄 발행	2025년 01월 10일 (인쇄 2024년 10월 15일)
초 판 발 행	2023년 10월 05일 (인쇄 2023년 08월 30일)
발 행 인	박영일
책 임 편 집	이해욱
편 저	안쌤 영재교육연구소
편 집 진 행	이미림
표 지 디 자 인	박수영
편 집 디 자 인	채현주 · 윤아영
발 행 처	(주)시대에듀
출 판 등 록	제 10-1521호
주 소	서울시 마포구 큰우물로 75 [도화동 538 성지 B/D] 9F
전 화	1600-3600
팩 스	02-701-8823
홈 페 이 지	www.sdedu.co.kr
I S B N	979-11-383-5707-4 (64400)
	979-11-383-5705-0 (64400) (세트)
정 가	17,000원

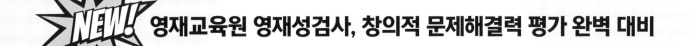

영재교육원 영재성검사, 창의적 문제해결력 평가 완벽 대비

안쌤의
STEAM + 창의사고력
과학 100제 시리즈

과학사고력, 창의사고력, 융합사고력 향상
영재성검사 창의적 문제해결력 평가 기출예상문제 및 풀이 수록

안쌤의
STEAM
+창의사고력
과학 100제

초등 2학년

시대에듀

발행일 2025년 1월 10일 | **발행인** 박영일 | **책임편집** 이해욱 | **편저** 안쌤 영재교육연구소

발행처 (주)시대에듀 | **등록번호** 제10-1521호 | **대표전화** 1600-3600 | **팩스** (02)701-8823

주소 서울시 마포구 큰우물로 75 [도화동 538 성지B/D] 9F | **학습문의** www.sdedu.co.kr

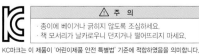

⚠ 주 의

· 종이에 베이거나 긁히지 않도록 조심하세요.
· 책 모서리가 날카로우니 던지거나 떨어뜨리지 마세요.

KC마크는 이 제품이 '어린이제품 안전 특별법' 기준에 적합하였음을 의미합니다.

코딩·SW·AI 이해에 꼭 필요한
초등 코딩 사고력 수학 시리즈

- 초등 SW 교육과정 완벽 반영
- 수학을 기반으로 한 SW 융합 학습서
- 초등 컴퓨팅 사고력 + 수학 사고력 동시 향상
- 초등 1~6학년, SW영재교육원 대비

③

④

안쌤의 수·과학 융합 특강

- 초등 교과와 연계된 24가지 주제 수록
- 수학 사고력 + 과학 탐구력 + 융합 사고력 동시 향상

※도서의 이미지와 구성은 변경될 수 있습니다.

안쌤의 신박한 과학 탐구보고서 시리즈

⑤

- 모든 실험 영상 QR 수록
- 한 가지 주제에 대한 다양한 탐구보고서

영재성검사 창의적 문제해결력
모의고사 시리즈

⑥

- 영재교육원 기출문제
- 영재성검사 모의고사 4회분
- 초등 3~6학년, 중등

시대에듀와 함께해요!

초등 한국사 완성 시리즈

STEP 1 한국사 개념 다지기

왕으로 읽는 초등 한국사

▶ 왕 중심으로 시대별 흐름 파악
▶ 스토리텔링으로 문해력 훈련
▶ 확인 문제로 개념 완성

연표로 잇는 초등 한국사

▶ 스스로 만드는 연표
▶ 오리고 붙이는 활동을 통해 집중력 향상
▶ 저자 직강 유튜브 무료 동영상 제공

STEP 2 한국사능력검정시험 도전하기

매일 쓱 읽고 쏙 뽑아 싹 푸는 초등 한국사

▶ 초등 전학년 한국사능력검정시험 대비 가능
▶ 스토리북으로 읽고 워크북으로 개념 복습
▶ 하루 2주제씩 한국사 개념 한 달 완성

PASSCODE 한국사능력검정시험
기출문제집 800제 16회분 기본(4·5·6급)

▶ 기출문제 최다 수록
▶ 상세한 해설로 개념까지 학습 가능
▶ 외사별 노바일 UMK 사룡새심 서비스 제공

※ 도서의 구성과 이미지는 변경될 수 있습니다.